普通高等教育机电类系列教材

工程制图习题集

第3版

主　编　方锡武　林　莉　徐旭松
主　审　刘振宇

机械工业出版社

本习题集与武华、李芳主编的《工程制图》第3版教材配套使用，也可与其他高等学校各专业工程制图教材配套使用。

本习题集的主要内容有：工程制图基础知识与基本技能，点、直线、平面的投影，基本立体投影，组合体，轴测图，机件的表达方法，零件图，标准件和常用件的特殊表示法，装配图和计算机绘图。

图书在版编目（CIP）数据

工程制图习题集/方锡武，林莉，徐旭松主编. —3版. —北京：机械工业出版社，2018.1（2024.12重印）

普通高等教育机电类系列教材

ISBN 978-7-111-58652-4

Ⅰ.①工… Ⅱ.①方…②林…③徐… Ⅲ.①工程制图-高等学校-习题集 Ⅳ.①TB23-44

中国版本图书馆CIP数据核字（2017）第326402号

机械工业出版社（北京市百万庄大街22号 邮政编码100037）

策划编辑：舒 恬 责任编辑：舒 恬 朱琳琳 责任校对：张晓蓉

封面设计：张 静 责任印制：任维东

天津市光明印务有限公司印刷

2024年12月第3版第16次印刷

370mm×260mm · 12印张 · 278千字

标准书号：ISBN 978-7-111-58652-4

定价：36.00元

电话服务 网络服务

客服电话：010-88361066 机 工 官 网：www.cmpbook.com

010-88379833 机 工 官 博：weibo.com/cmp1952

010-68326294 金 书 网：www.golden-book.com

封底无防伪标均为盗版 机工教育服务网：www.cmpedu.com

前　言

本习题集与武华、李芳主编的《工程制图》第3版教材配套使用，也可与其他高等学校各专业工程制图教材配套使用。

本习题集的内容编排由浅入深、由简到繁、循序渐进，与配套教材章节安排一致；编写时遵循现行的《技术制图》和《机械制图》国家标准；简化了画法几何部分的内容，加强了组合体三视图练习和机件表达综合应用能力训练；所有图形均采用AutoCAD绘图软件绘制，图样清晰且易于理解。本习题集还更新了计算机绘图相关练习，选题注重工程实际应用，目的要求明确，便于学生理解和快速掌握。

本习题集由方锡武、林莉、徐旭松任主编，编写分工为：方锡武（第三、四、五、十章）、林莉（第六、七、八章）、徐旭松（第一、二、九章）。另外，武华和李芳进行了资料收集、整理和答案编写等工作。

本习题集由浙江大学刘振宇教授任主审，审稿人对本书提出了许多宝贵意见，对此表示感谢。

由于编者水平有限，书中难免存在缺点与不足，欢迎读者批评指正。

编　者

目　　录

第一章　工程制图基础知识与基本技能

班级________ 学号________ 姓名________

1-1　字体练习。

字体工整笔画清楚间隔均匀排列整齐横平竖直

注意起落结构匀称填满方格姓名设计审核日期

比例材料机械制图标准名称技术要求审核日期

机械尺寸院校代号前后左右俯仰视图共第张局

调质渗碳其余轴箱体盘盖铸造时效处理消除内

应力钢未注圆角国家标准密封圈螺栓齿轮公差

1 2 3 4 5 6 7 8 9 0

1 2 3 4 5 6 7 8 9 0

$\Phi35\pm0.2$

$39.5^{+0.01}_{-0.01}$

M12X2-6H LH

$\Phi50f7$

R2~R3

M4-9h

a b c d e f g h i j

k l m n o p q r s t

u v w x y z q r s t

A B C D E F G H I J

K L M N O P Q R S T

U V W X Y Z Q R S T

1-2　在指定位置处，参照图样画出各种图线。

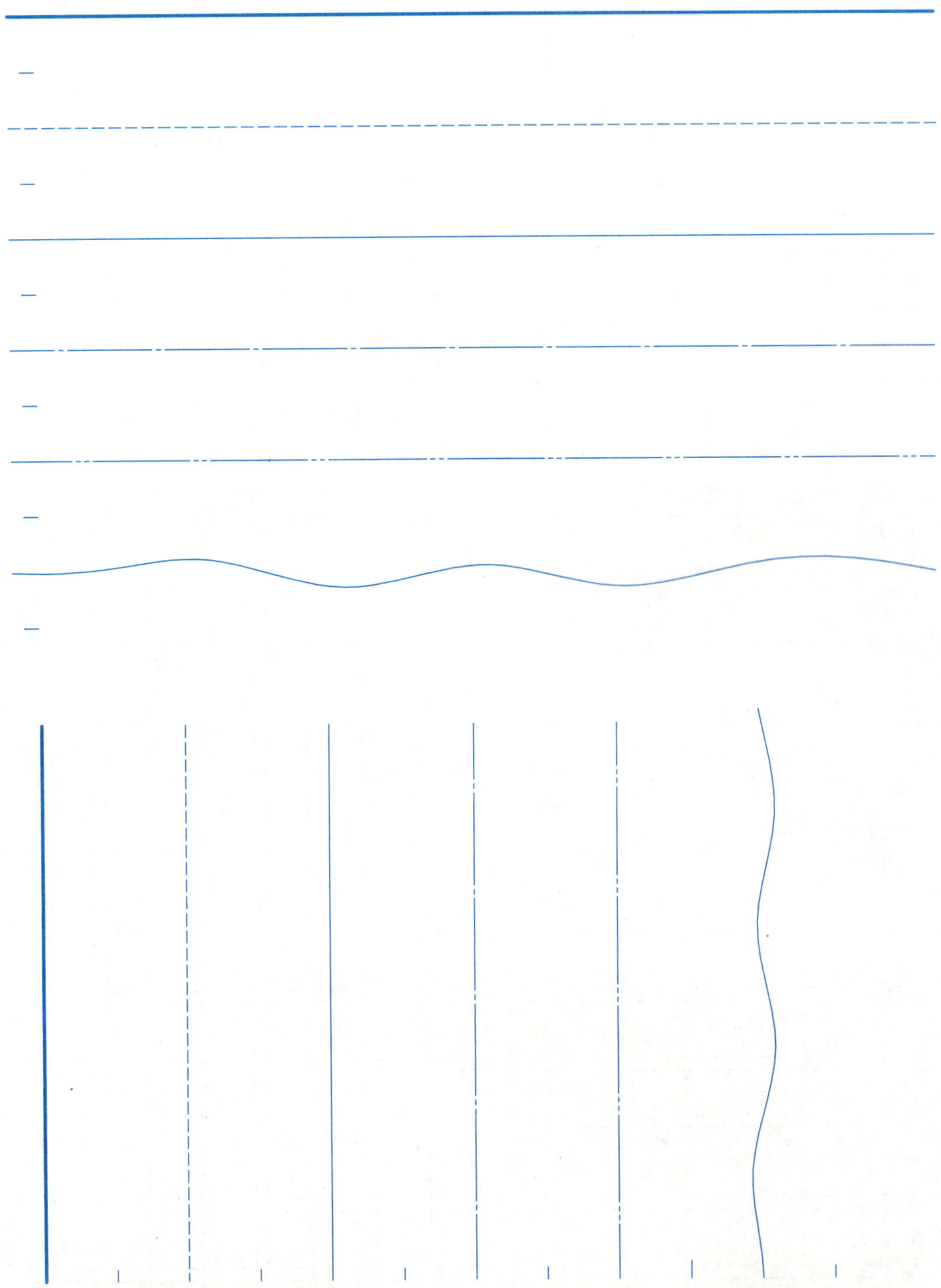

1-3　在指定位置采用 1 : 1 的比例作图。

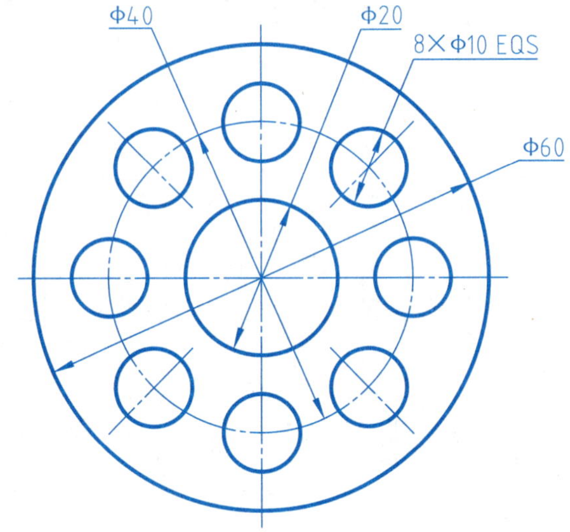

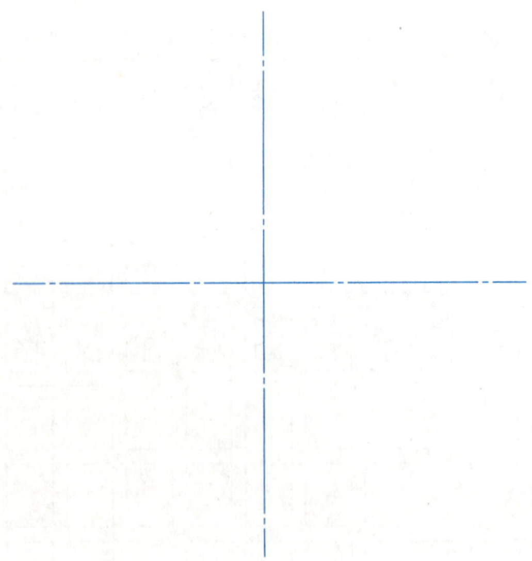

班级________学号________姓名________

1-4　在下列图形中标注箭头和尺寸数值，按 1 : 1 的比例度量（取整数）。

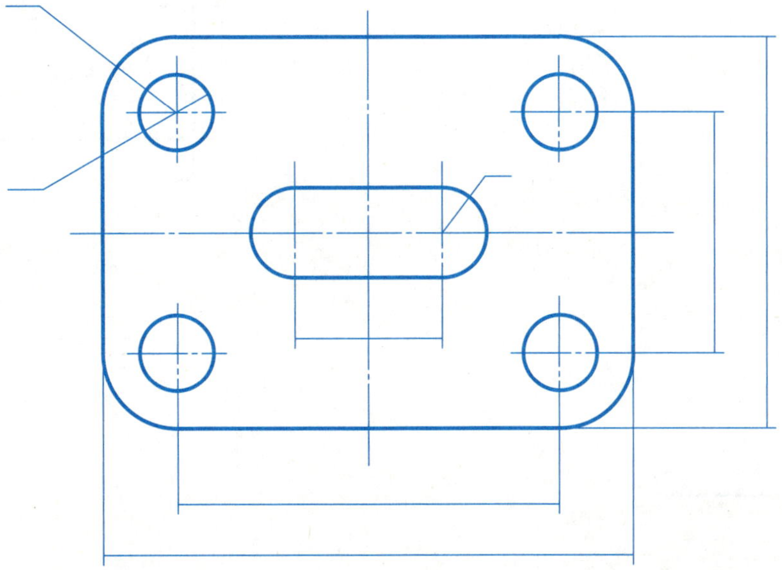

1-5　分析下列图形中尺寸标注的错误之处，并在右图中正确注出。

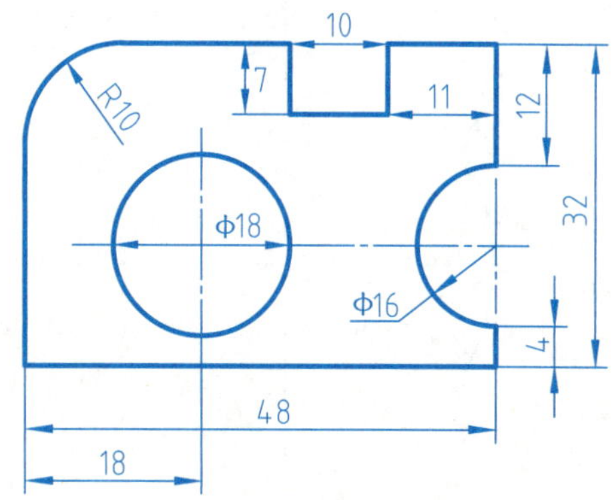

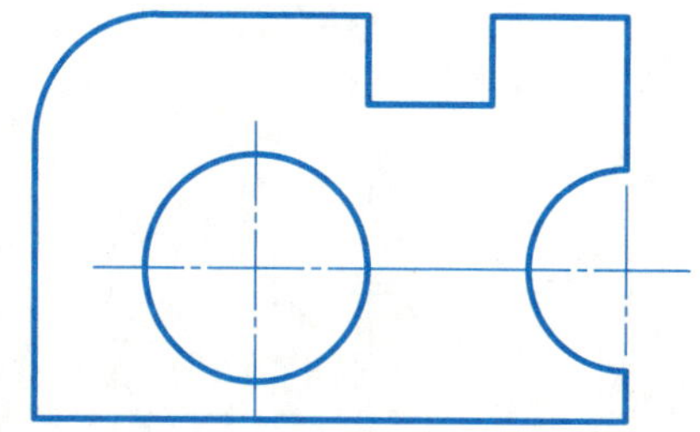

1-6　在下列平面图形上标注尺寸，按 1 : 1 的比例度量（取整数）。

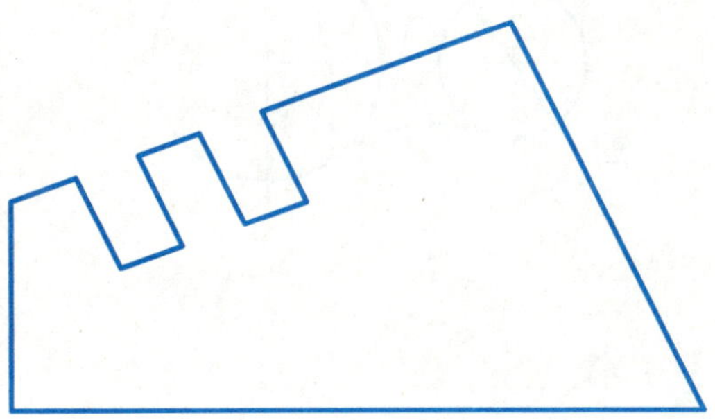

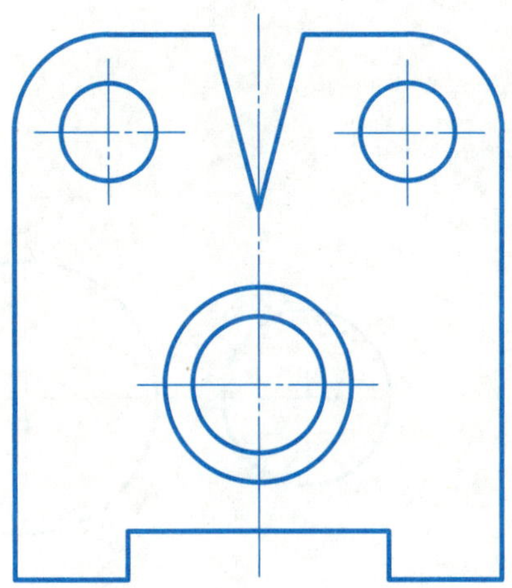

1-7　用四心圆法绘制椭圆，长轴 80mm，短轴 50mm。

班级________ 学号________ 姓名________

1-8　分别作圆的内接和外切正六边形。

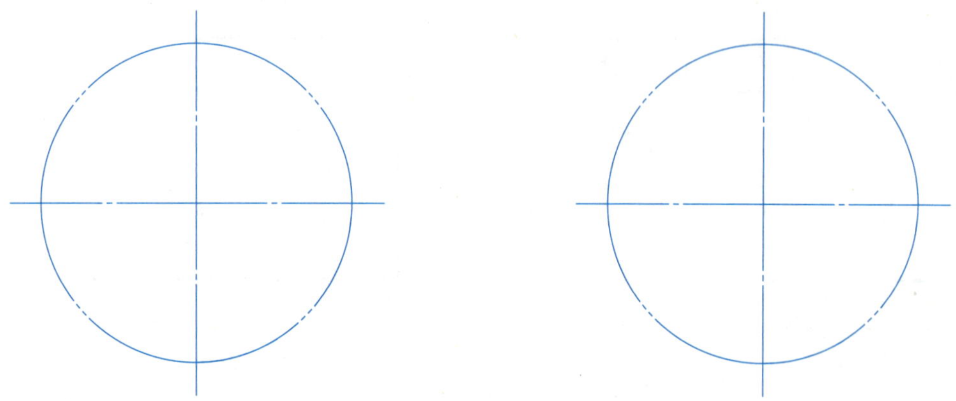

1-9　根据给定尺寸，在指定位置采用 2∶1 的比例画出已知图形。

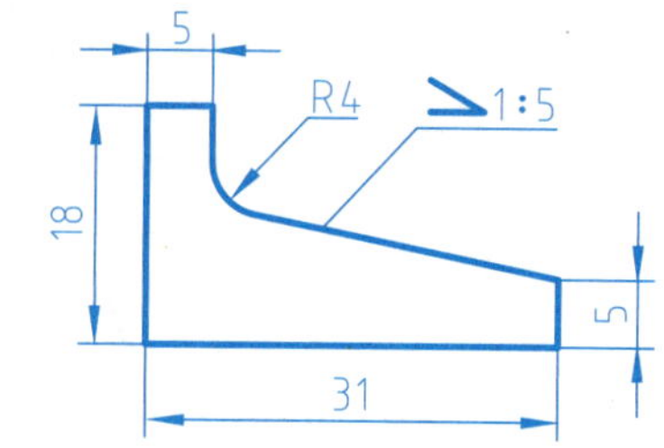

1-10　根据给定尺寸，在指定位置采用 1∶1 的比例画出已知图形。

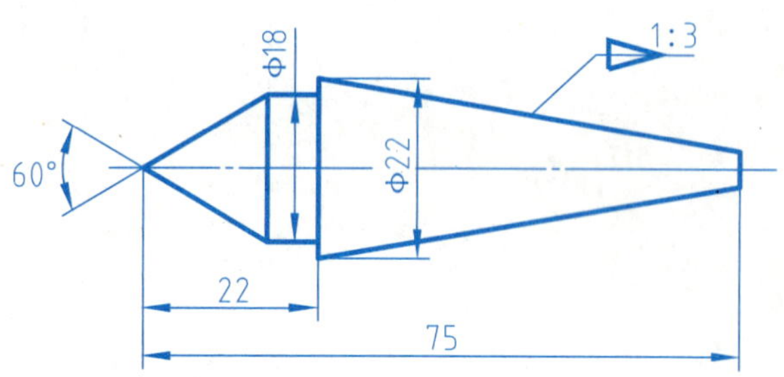

1-11　根据所给尺寸，在指定位置画出两条连接弧。

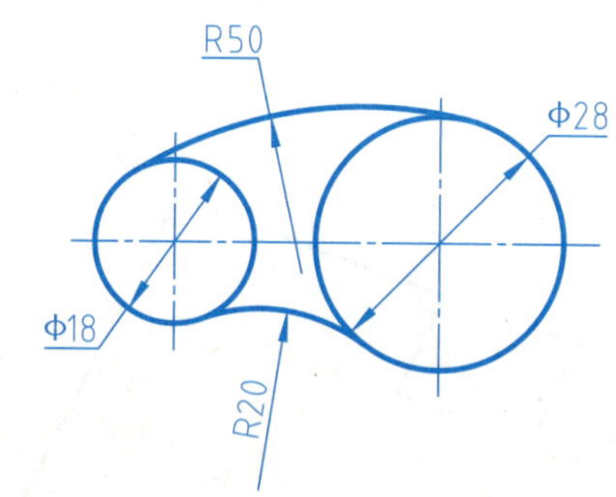

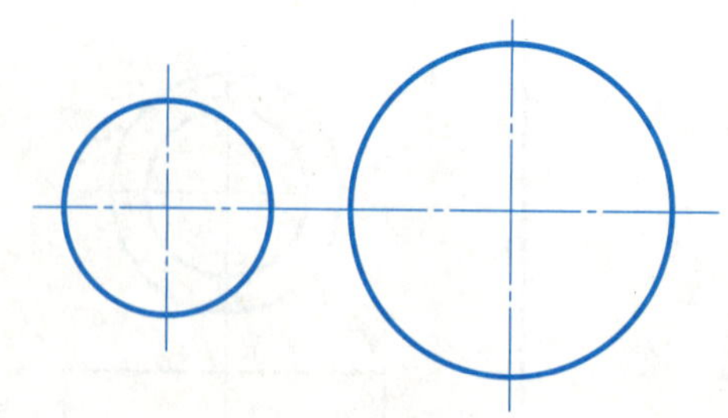

1-12　根据图中标注的尺寸，按 1 : 1 的比例在 A3 或 A4 图纸上抄画平面图形。

制图作业——平面图形的绘制

1. 目的

通过绘制平面图形，掌握尺规绘图的方法和步骤，进一步理解圆弧连接的作图原理。

2. 内容与要求

1）根据图形尺寸，选用 A3 或 A4 图纸。

2）图名：平面图形。

3）比例：1 : 1。

3. 绘图步骤及注意事项

1）分析图形，确定基准，布置图形位置。

2）画出底稿，注意不同线型的画法。

3）校对后加深、描粗。

4）标注尺寸，填写标题栏。

（1）

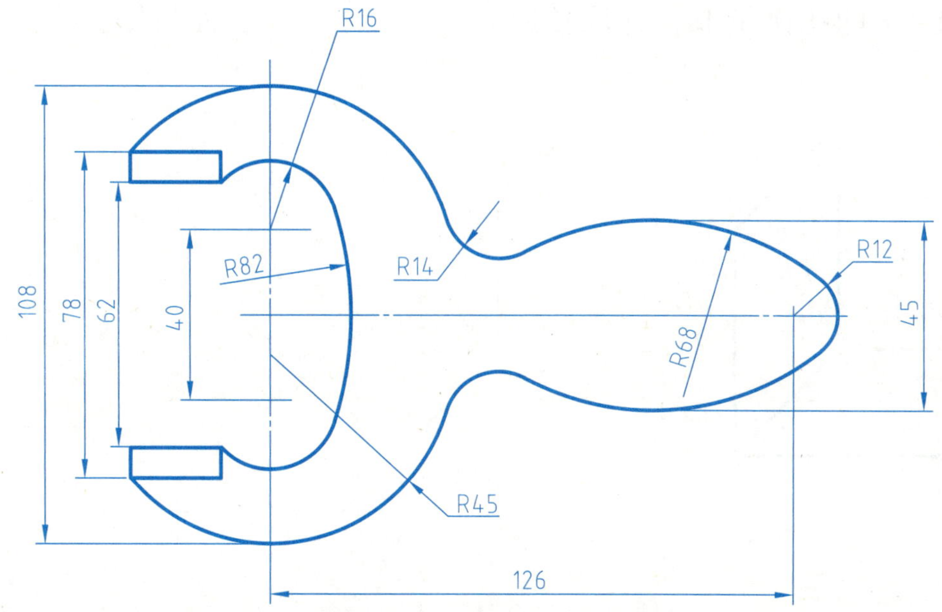

（2）

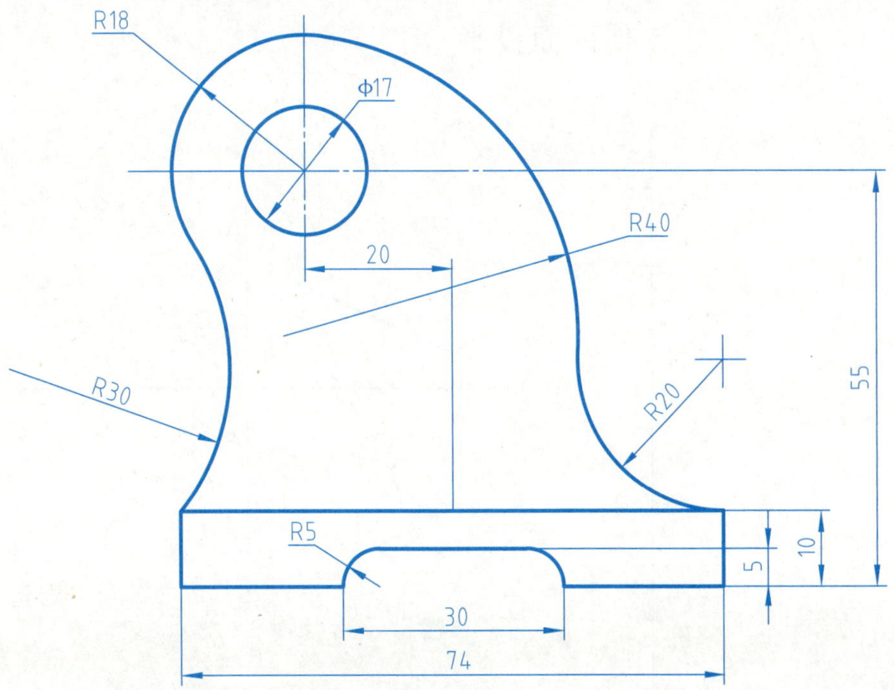

（3）

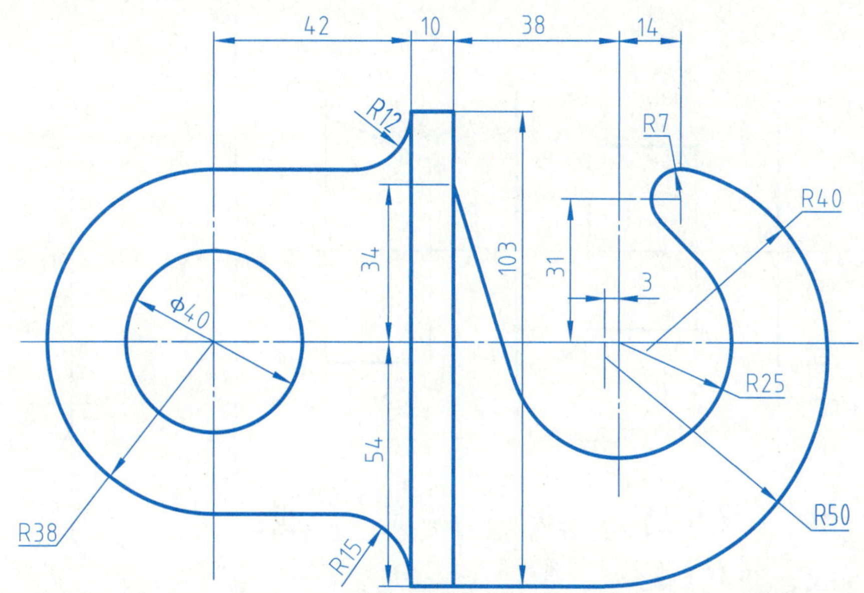

第二章　点、直线、平面的投影

班级________学号________姓名________

2-1　根据直观图作出各点的三面投影图（轴向坐标按 1 : 1 的比例量取，并取整数）。

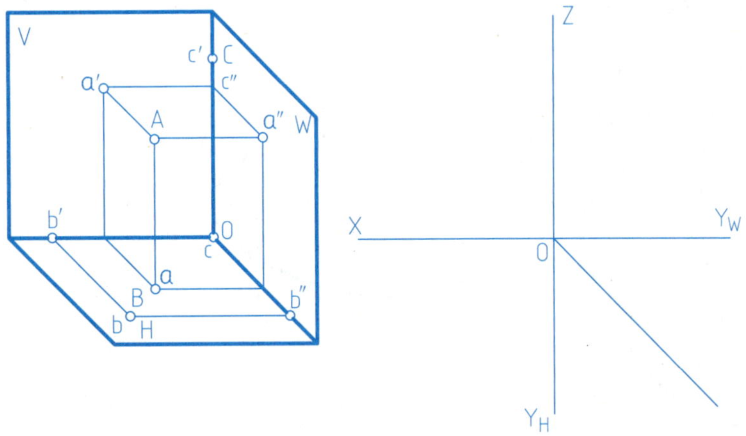

2-2　已知点 *A*、*B* 的两面投影，求作它们的第三面投影，并分析点 *B* 对点 *A* 的相对位置。

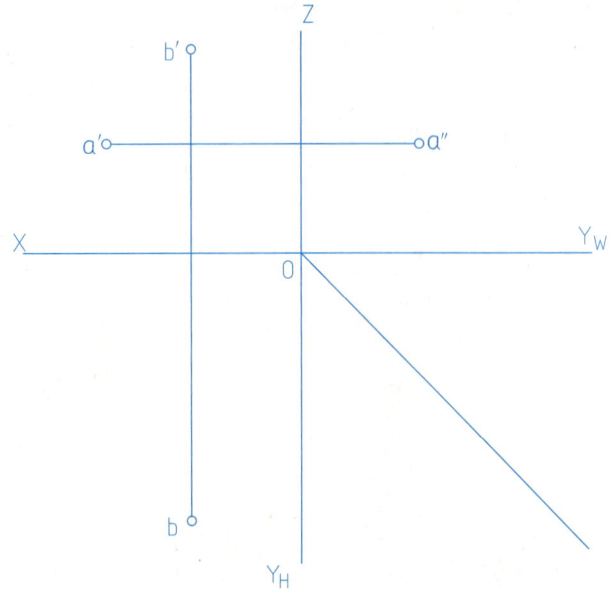

点 *B* 在点 *A* 的____、____、____方位。

2-3　已知点的一面投影和下列条件，求作其余两面投影：

（1）点 *A* 在 *V* 面之前 30mm；（2）点 *B* 在点 *A* 的左方 10mm；（3）点 *C* 在 *H* 面内。

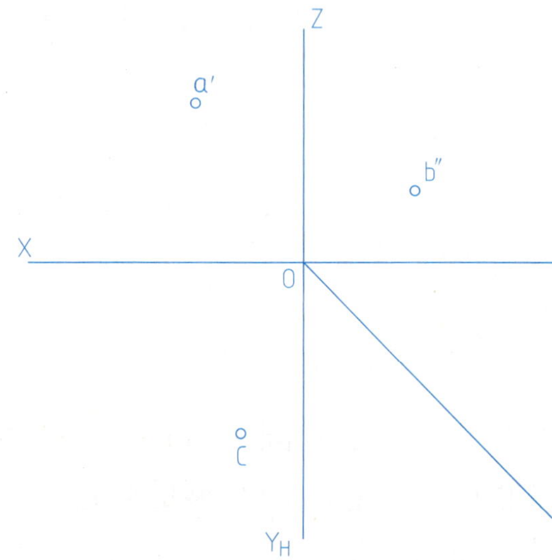

2-4　判断下列各直线对投影面的相对位置，并填写名称。

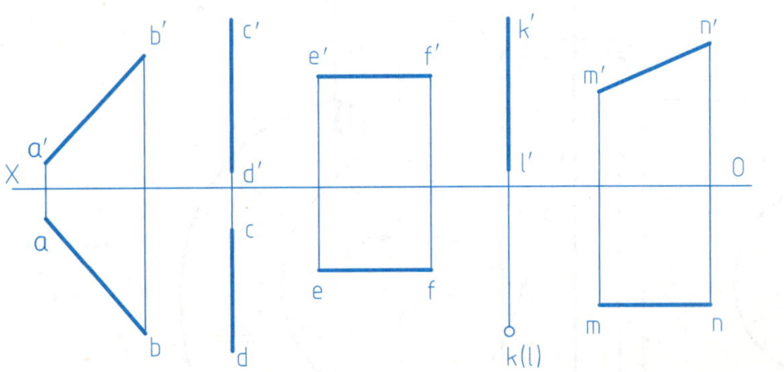

AB 是____线；　*CD* 是____线；　*EF* 是____线；

KL 是____线；　*MN* 是____线。

2-5　完成正平线 *AB* 的投影：已知 *AB* 的长度为 30mm，$\alpha = 30°$，且点 *B* 在点 *A* 的右下方。

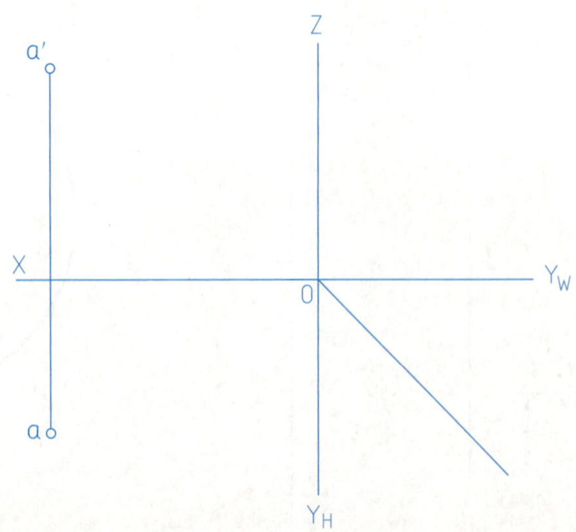

2-6　已知直线 *AB* 的正面投影，端点 *A* 在 *V* 面前方 12mm，端点 *B* 属于 *V* 面，求作该直线的其他两面投影。

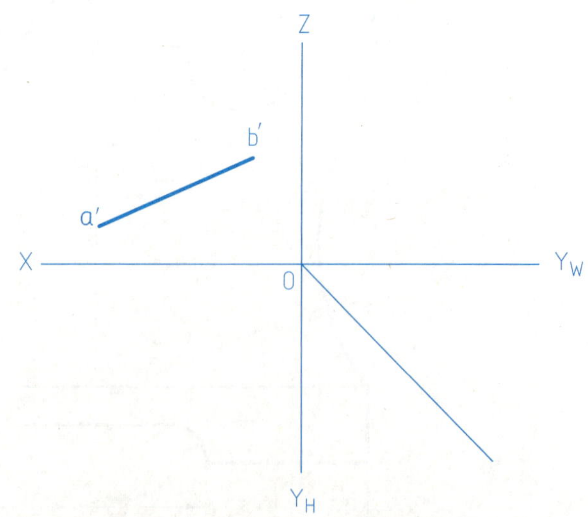

第二章　点、直线、平面的投影

班级________ 学号________ 姓名________

2-7　求直线 *AB* 上点 *K* 的两面投影，且应满足已知条件。

（1）*AK*∶*KB*＝1∶3。　　（2）*AK*∶*KB*＝2∶1。　　（3）点 *K* 与 *H*、*V* 面等距离。

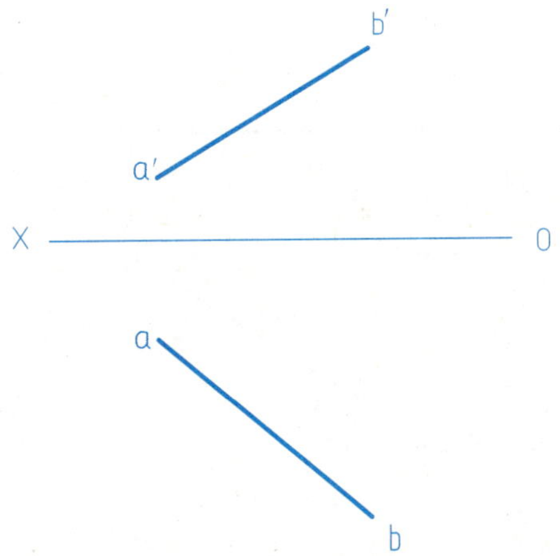

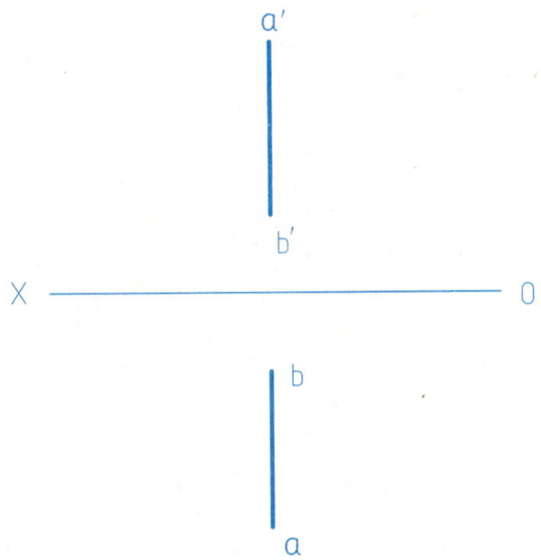

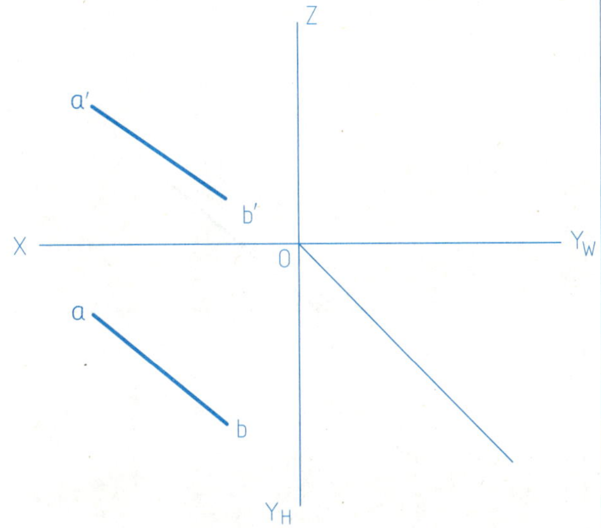

2-8　已知直线 *AB* 的倾角 $\alpha=30°$，求作直线 *AB* 的正面投影。

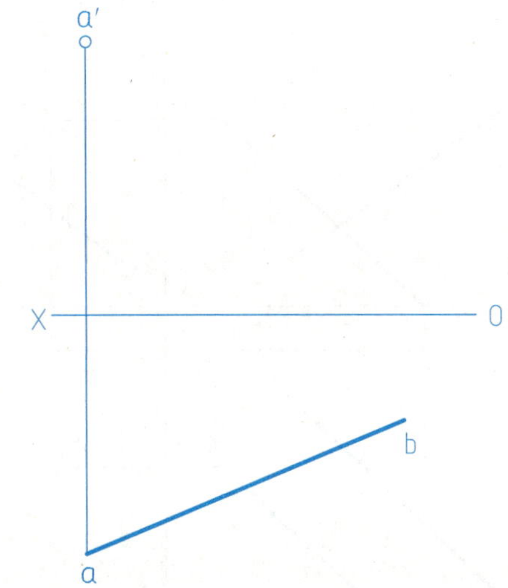

2-9　判断并填写两直线的相对位置。

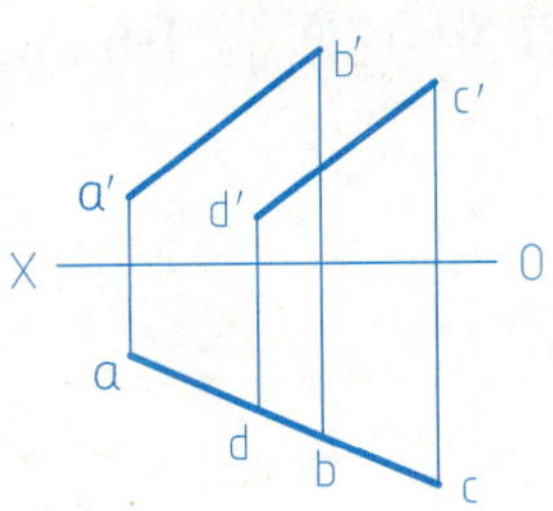

(1)____________

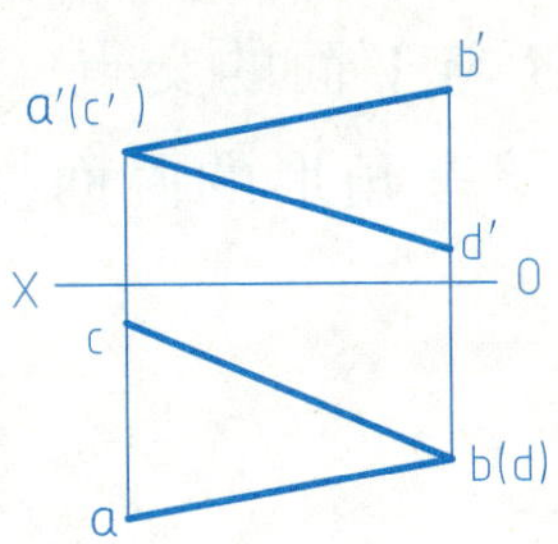

(2)____________

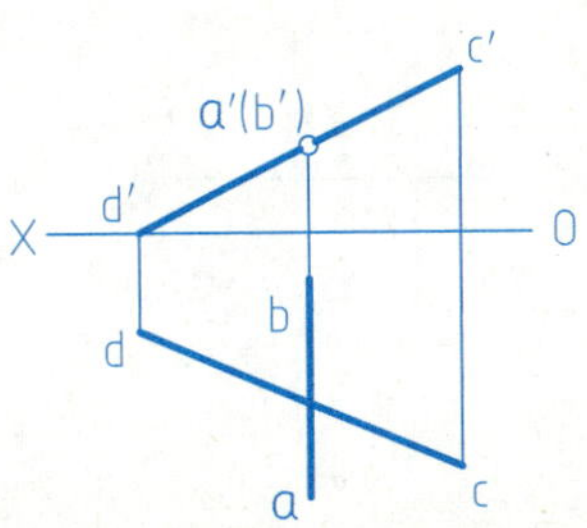

(3)____________

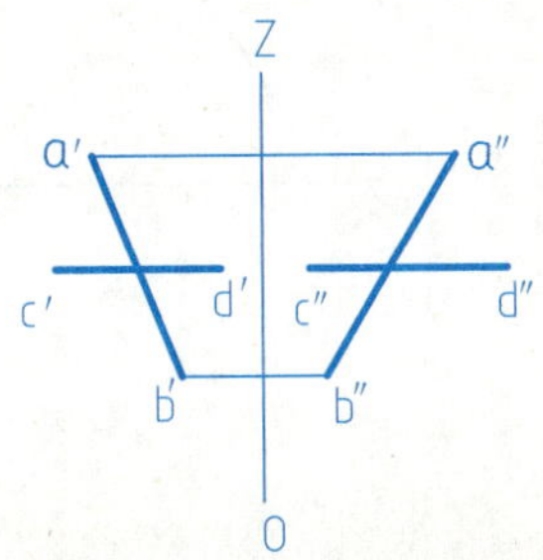

(4)____________

2-10　根据题目要求作出直线 *AB* 的两面投影。

（1）*AB* 与 *PQ* 平行且与 *PQ* 同向并等长。

（2）*AB* 与 *PQ* 平行且分别与 *EF*、*GH* 交于点 *A*、*B*。

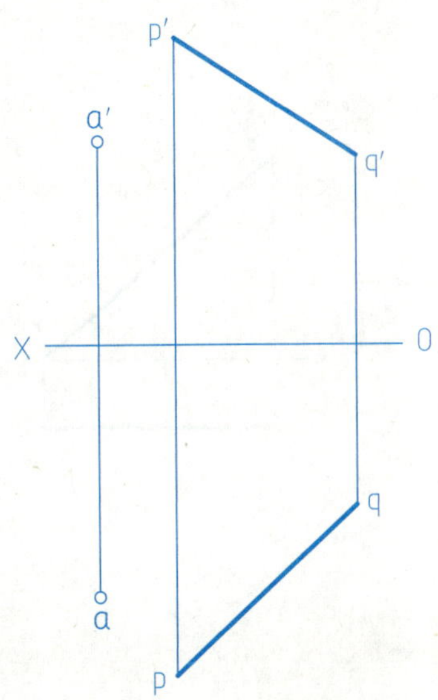

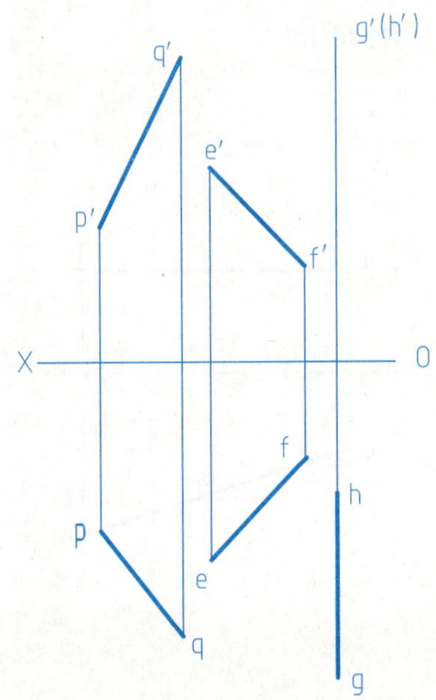

2-11　作一正平线 *MN* 距 *V* 面为 25mm，且与 *AB*、*CD* 两直线均相交。

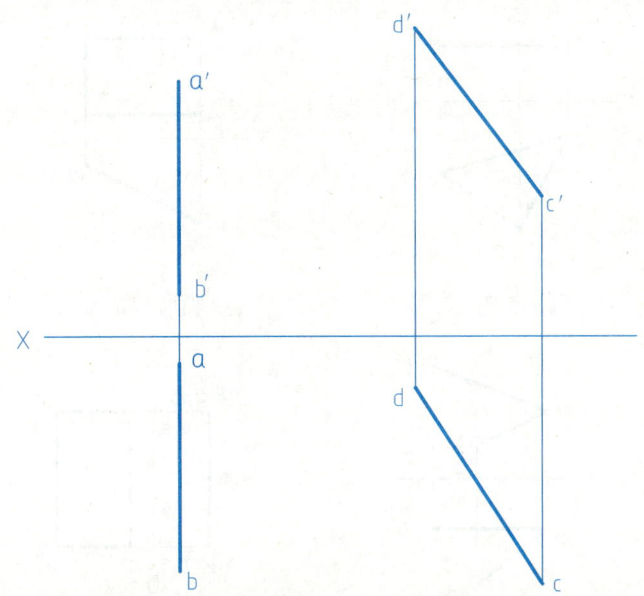

班级________学号________姓名________

2-12　作出两直线 *AB* 与 *CD* 对正面投影的重影点 *E*、*F* 及对侧面投影的重影点 *M*、*N* 的另两面投影，并标明可见性。

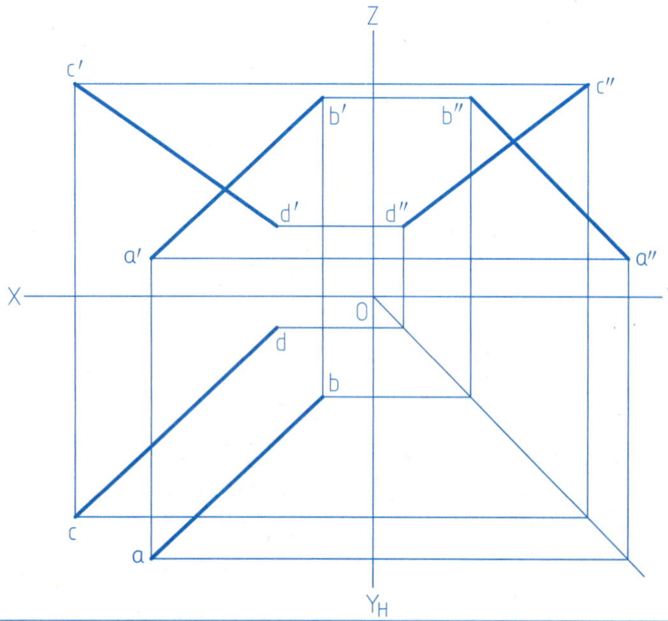

2-13　已知两直线 *AB* 与 *CD* 相交，端点 *B* 在 *H* 面内，端点 *D* 距离 *V* 面为 10mm，作出两直线的两面投影。

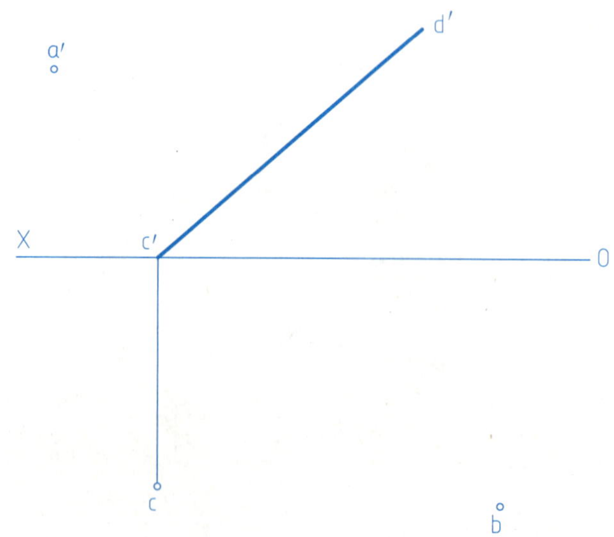

2-14　直线 *AK* 是等腰△*ABC* 的高，点 *B* 在 *V* 面前方 10mm，点 *C* 在 *H* 面内，求作△*ABC* 的两面投影。

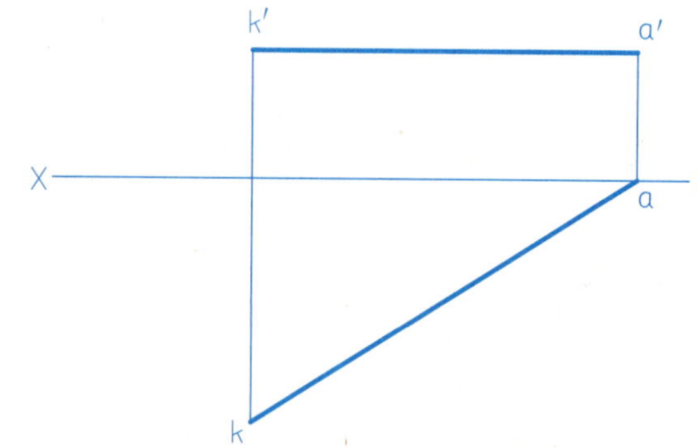

2-15　试判断平面与投影面的相对位置，并填写名称。

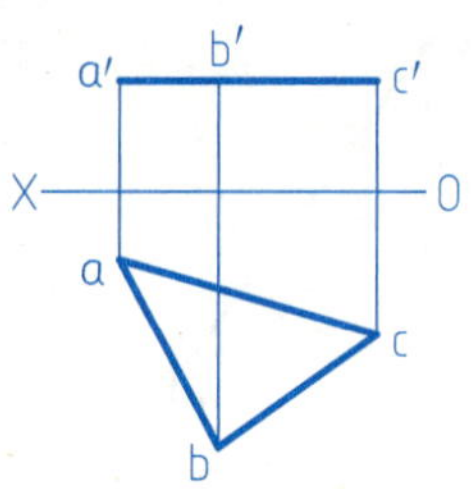

(1) 平面*ABC*为

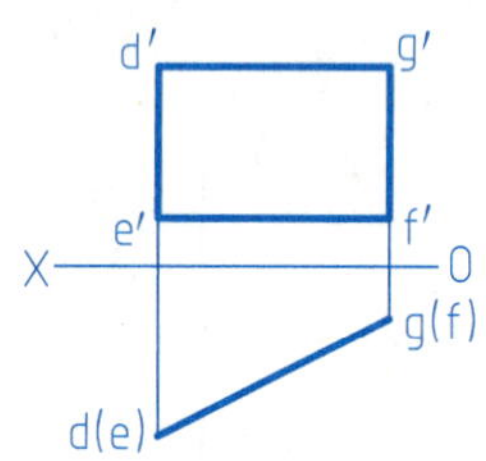

(2) 平面*DGEF*为

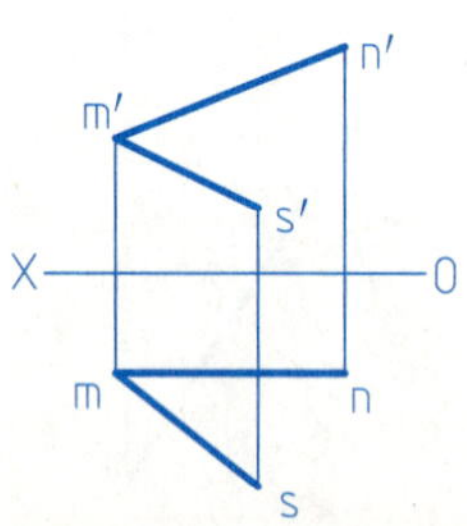

(3) 平面*SMN*为

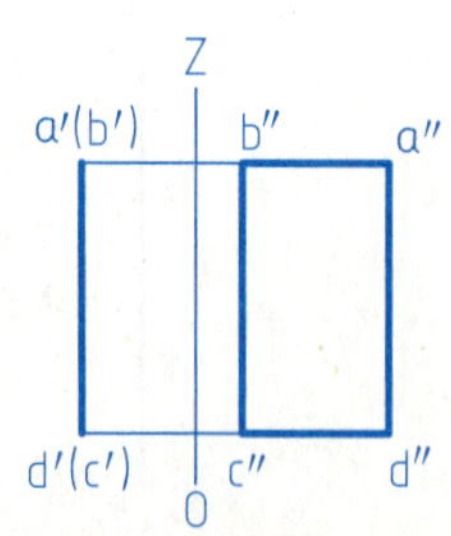

(4) 平面*ABCD*为

2-16　根据已知条件完成下列平面图形的两面投影：

（1）等边△*ABC* 为水平面；（2）正方形 *DEFG* 为正垂面。

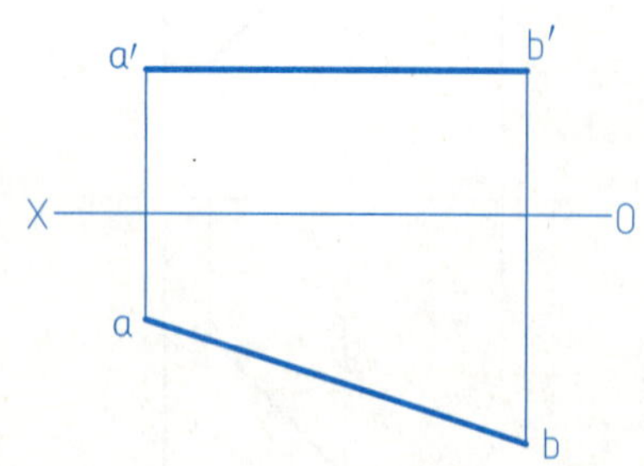

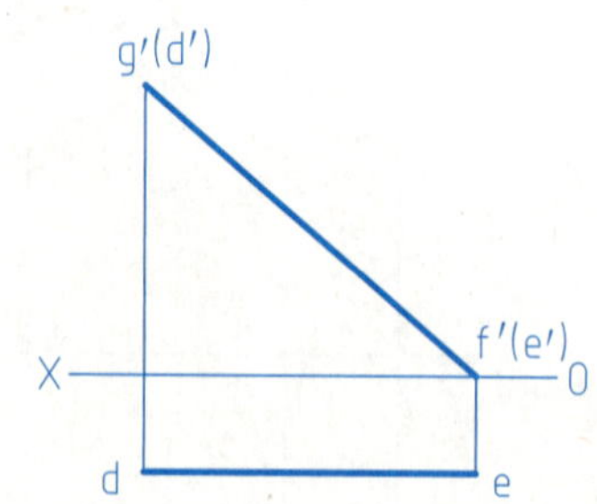

2-17　已知铅垂面△*ABC* 的 $\beta=30°$，点 *M* 为直线 *AB* 与 *V* 面的交点，且点 *B* 距 *V* 面为 10mm，试作出该三角形的两面投影。

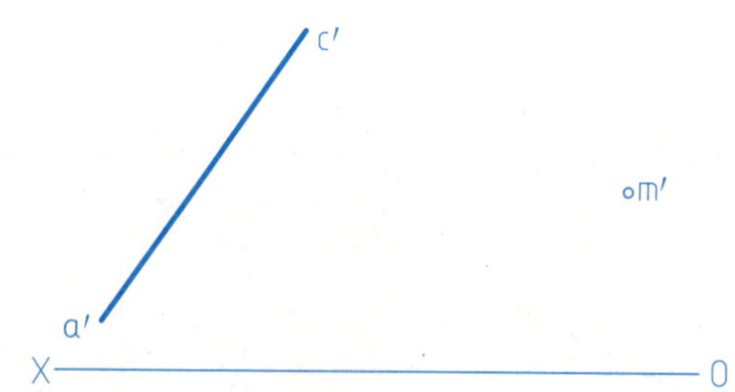

2-18　补全平面图形 *ABCDE* 的两面投影，并求出该平面内点 *M* 的水平投影。

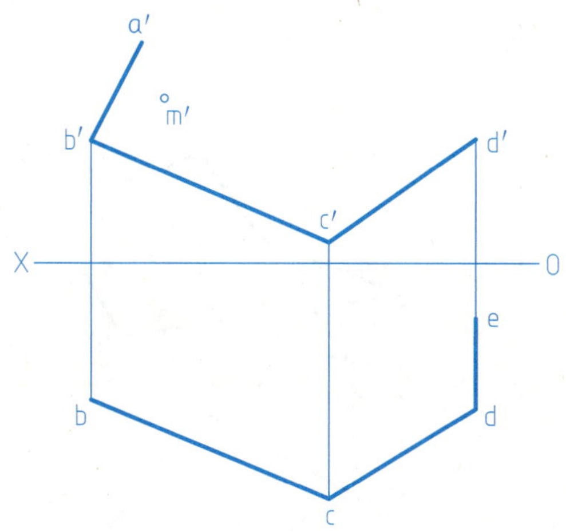

2-19　在平面 *ABC* 内取一点 *F*，使点 *F* 距 *H* 面 10mm，且距 *V* 面 20mm。

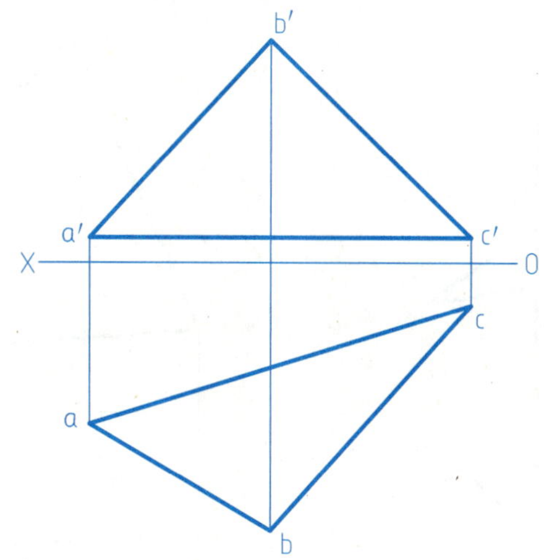

2-20　求作平面多边形的水平投影。

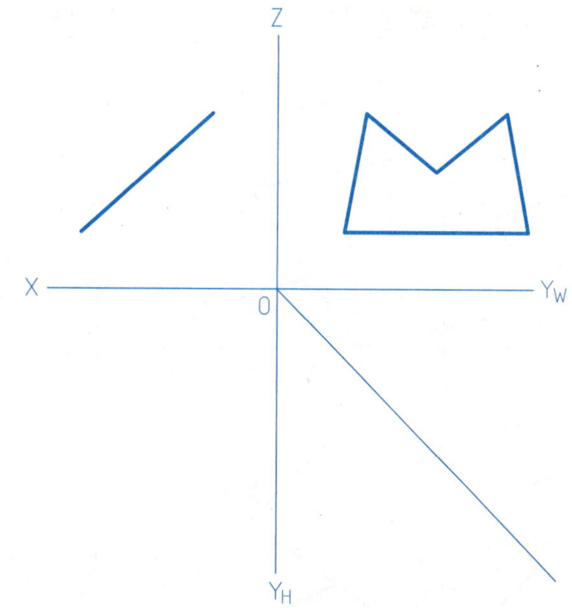

2-21　判断下列直线、平面的相对位置（相交、平行、垂直）

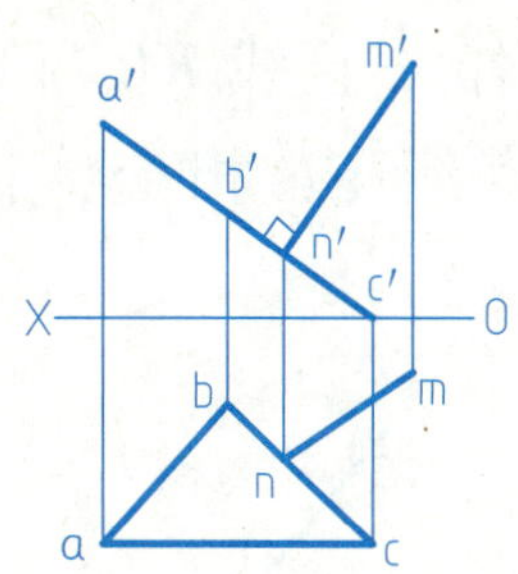

(1)________

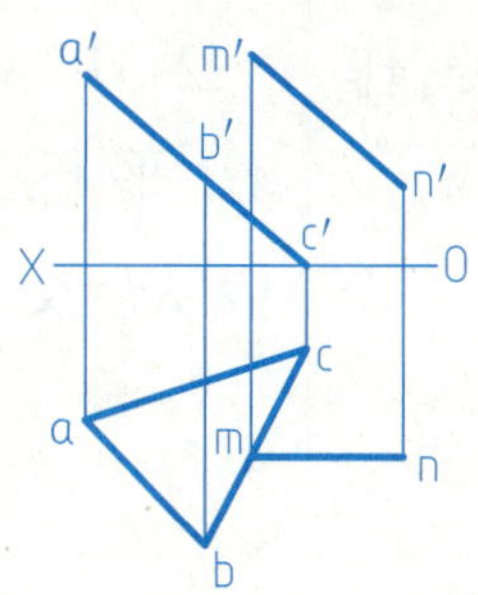

(2)________

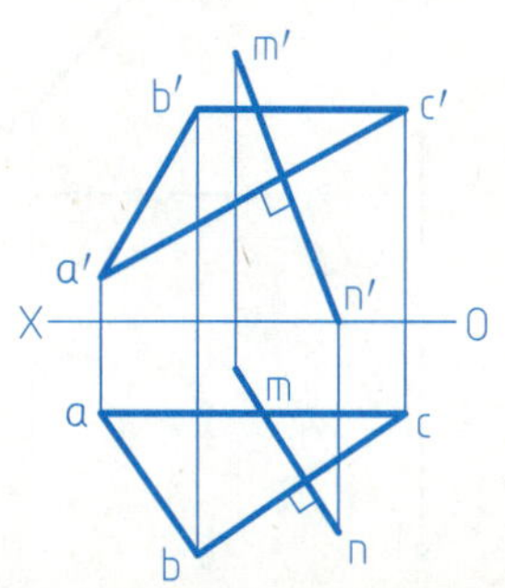

(3)________

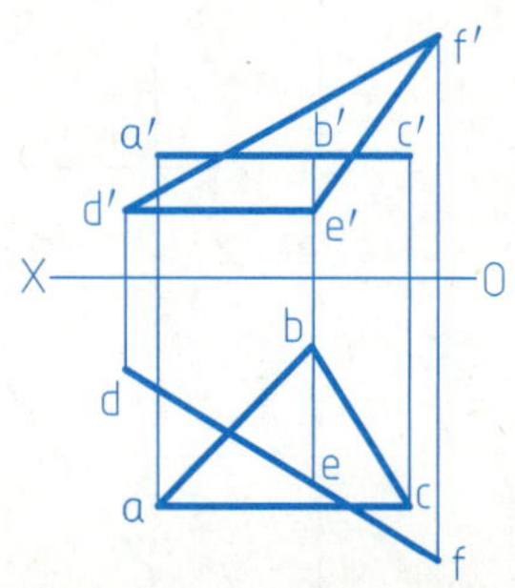

(4)________

2-22　求直线 *EF* 与平面 *ABCD* 的交点 *K* 的投影，并判别可见性。

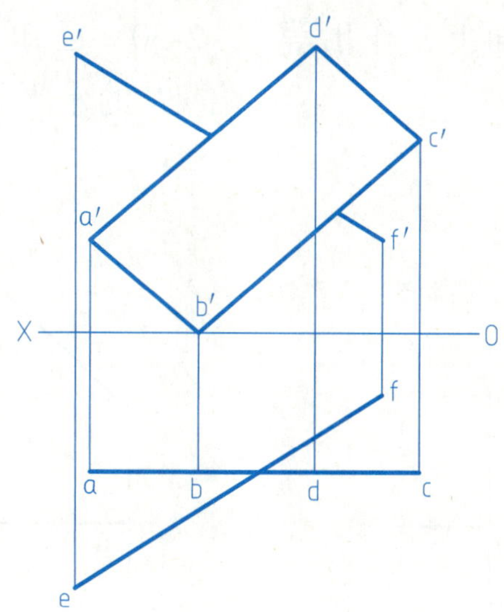

2-23　求直线 *MN* 与平面△*ABC* 的交点 *K* 的两面投影，并判断可见性。

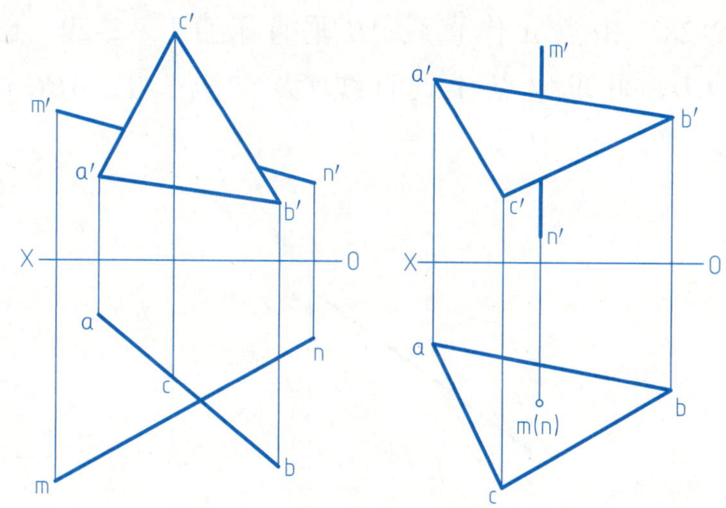

 班级________学号________姓名________

2-24 求直线 *AB* 与平面 *CDEF* 的交点 *K*，并判断可见性。

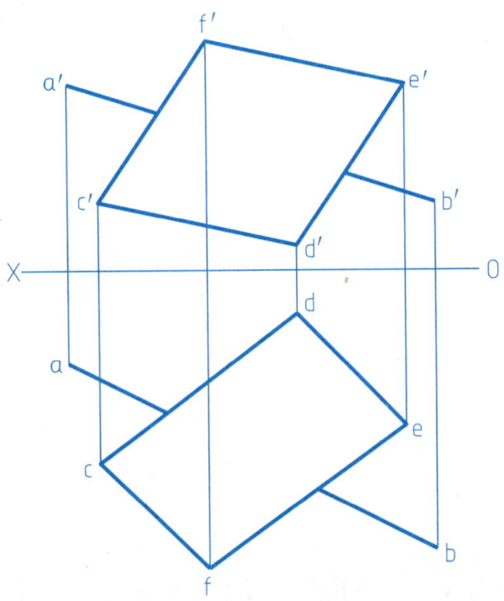

2-25 求作△*ABC* 与平面 *EDGF* 的交线 *MN*，并判断可见性。

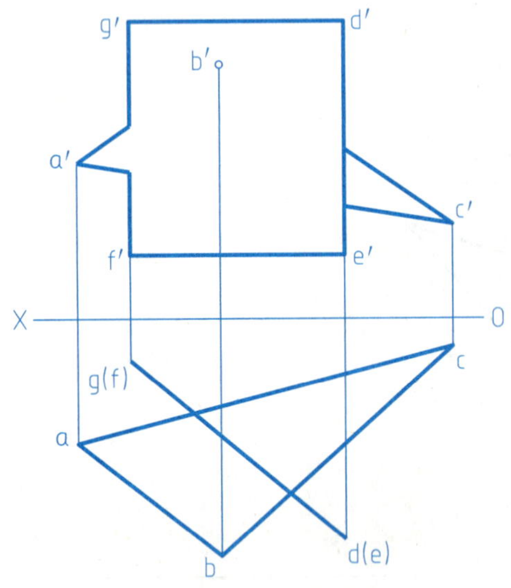

2-26 求作△*ABC* 与△*DEF* 的交线 *MN*，并判别可见性。

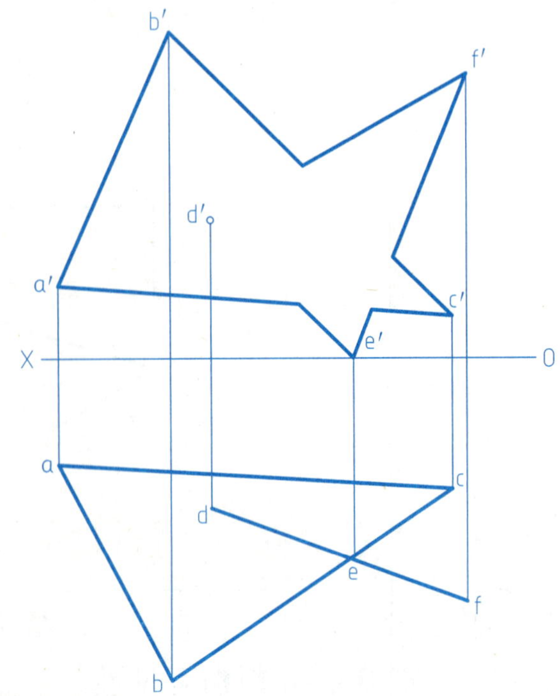

2-27 求作△*ABC* 与△*DEF* 的交线 *MN*，并判别可见性。

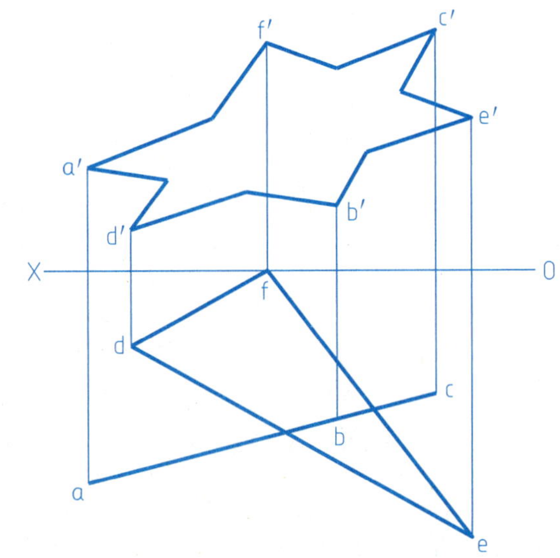

2-28 由点 *A* 作直线 *AB* 垂直于直线 *CD*，并求出点 *A* 到直线 *CD* 的真实距离。

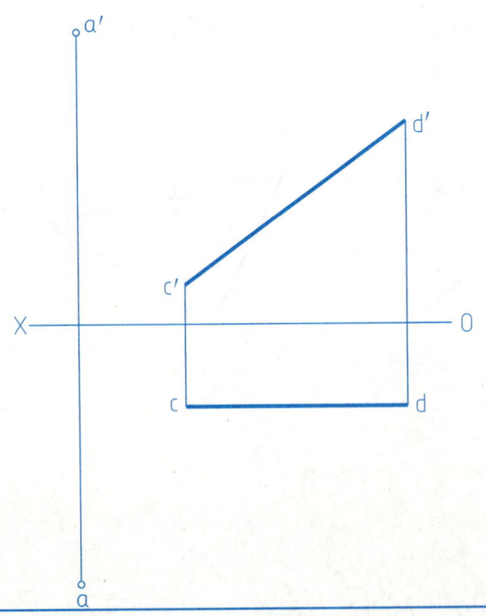

2-29 已知点 *C* 在 *H* 面上，作出等边△*ABC* 的两面投影。

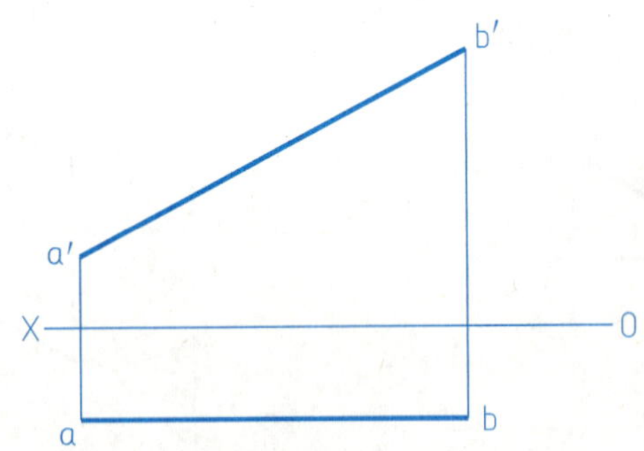

2-30 已知直线 *AF* 与 *AB* 垂直，作出 *AF* 的水平投影。

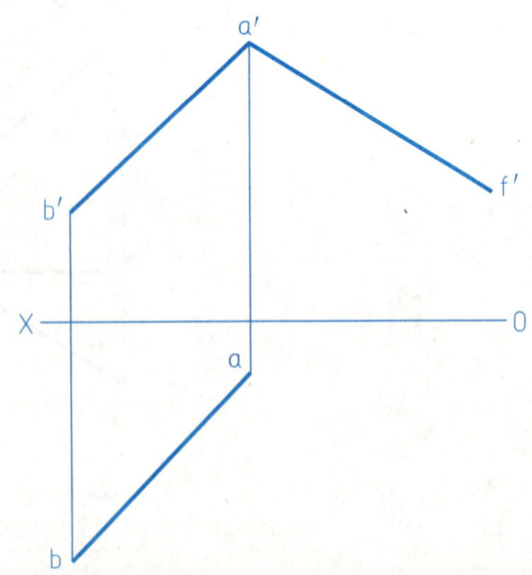

2-31 过点 *K* 作一直线 *KL* 与直线 *AB* 平行，且与直线 *EF* 相交，试完成 *KL* 及 *AB* 的投影。

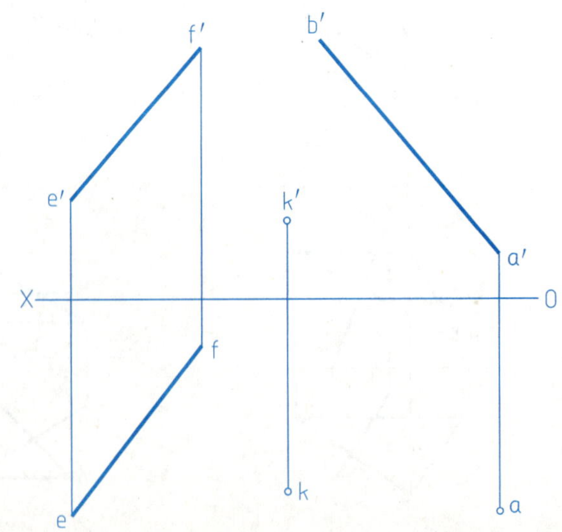

第三章　基本立体投影

班级________ 学号________ 姓名________

3-1　完成棱柱的第三面投影

（1）

（2）

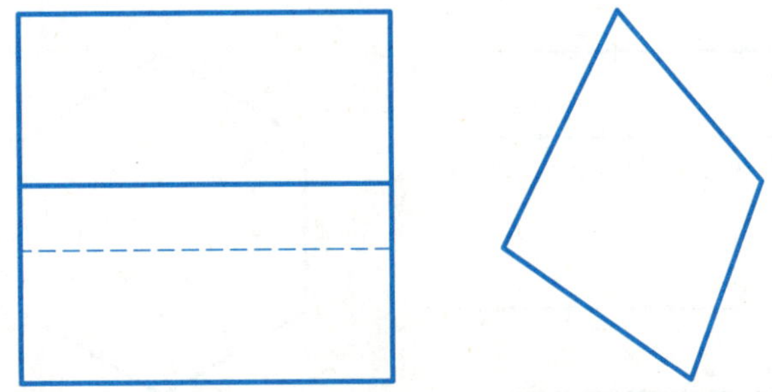

（3）

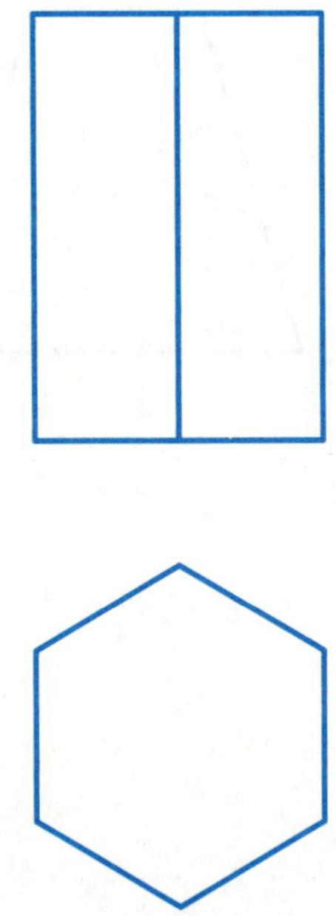

3-2　完成棱锥的第三面投影。

（1）

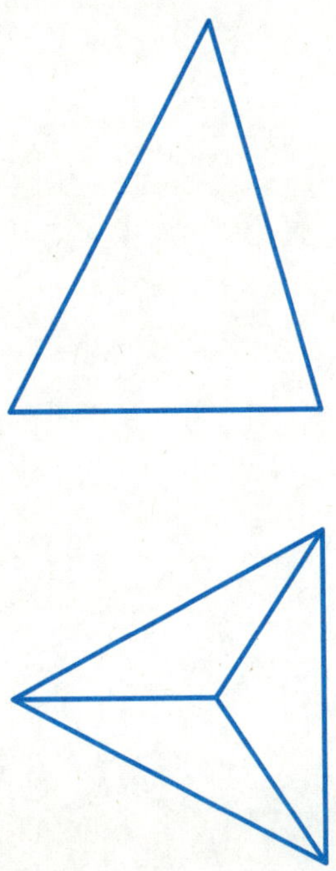

（2）

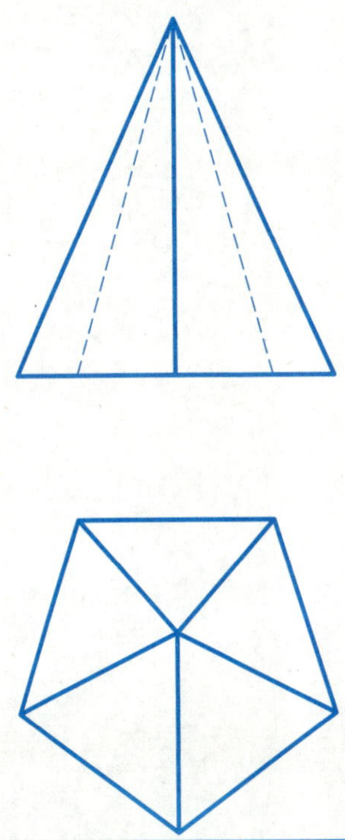

3-3　完成三棱台的第三面投影。

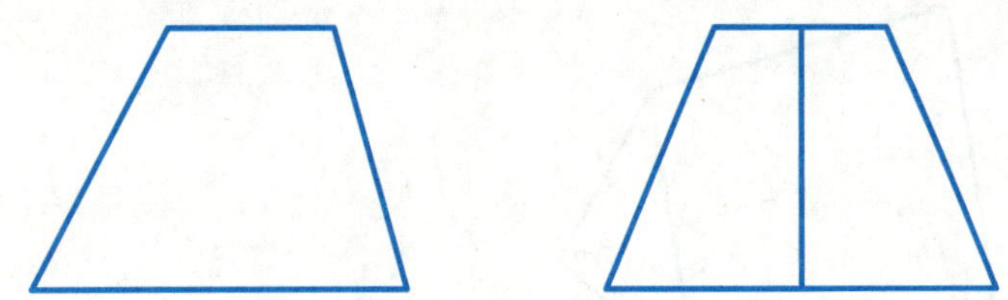

第三章　基本立体投影

班级________ 学号________ 姓名________

3-4　完成四棱台的第三面投影。

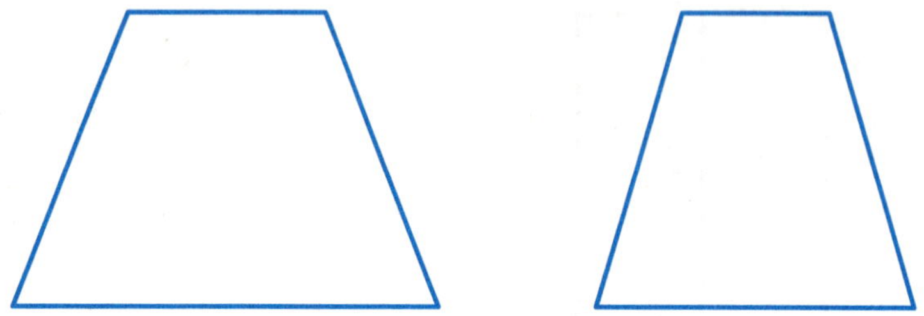

3-5　完成棱柱的第三面投影，并补全其表面上点的投影。

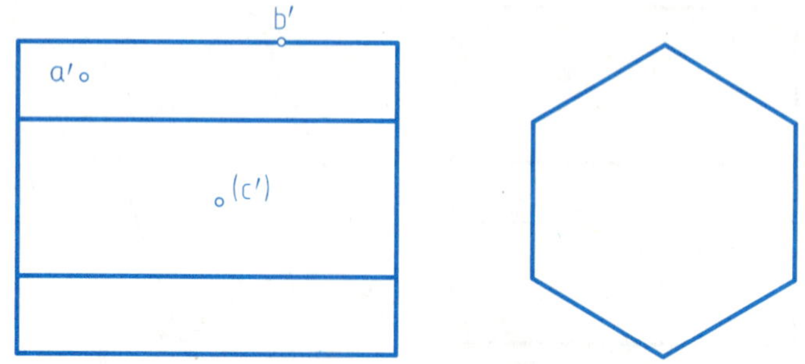

3-6　完成棱柱的第三面投影，并补全其表面上折线的投影。

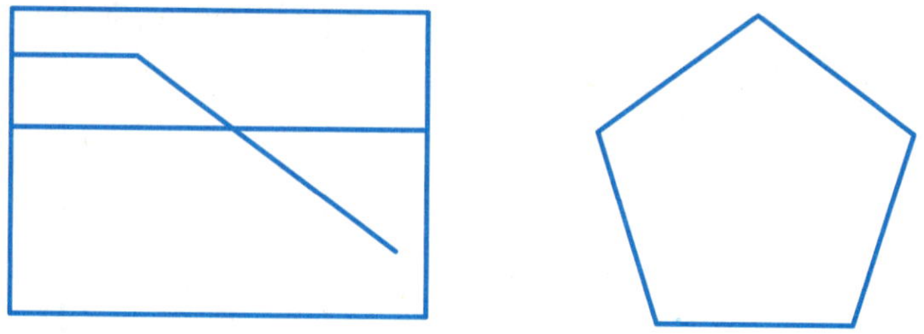

3-7　完成棱柱的第三面投影，并补全其表面上点的投影。

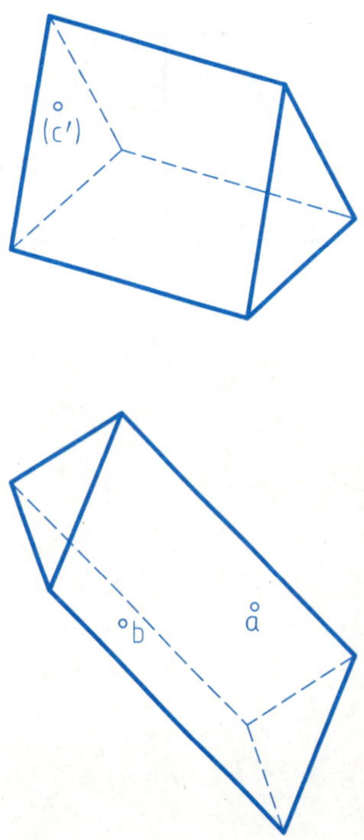

3-8　完成棱锥的第三面投影，并补全其表面上点的投影。

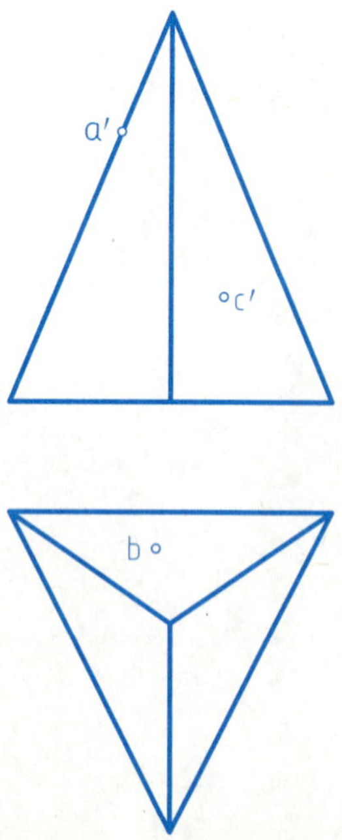

3-9　完成棱锥的第三面投影，并补全其表面上折线的投影。

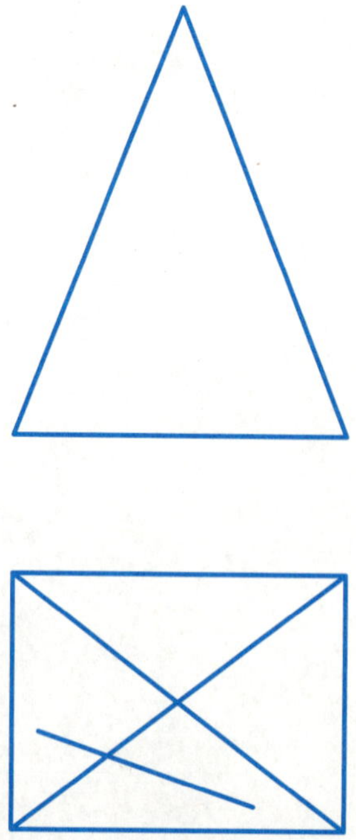

班级________ 学号________ 姓名________

3-10　完成四棱台的第三面投影，并补全其表面上点的投影。

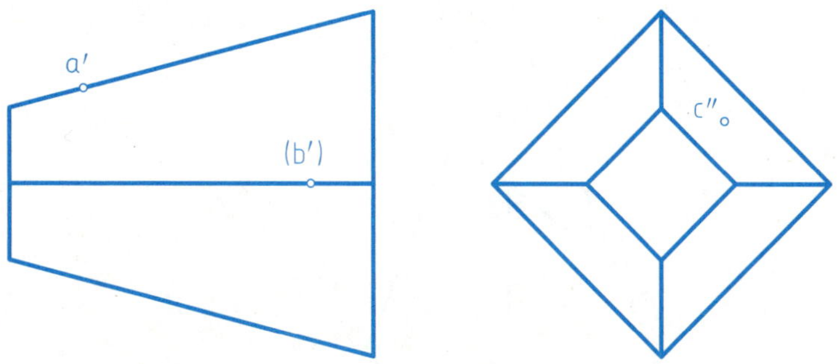

3-11　完成圆柱表面上点的投影。

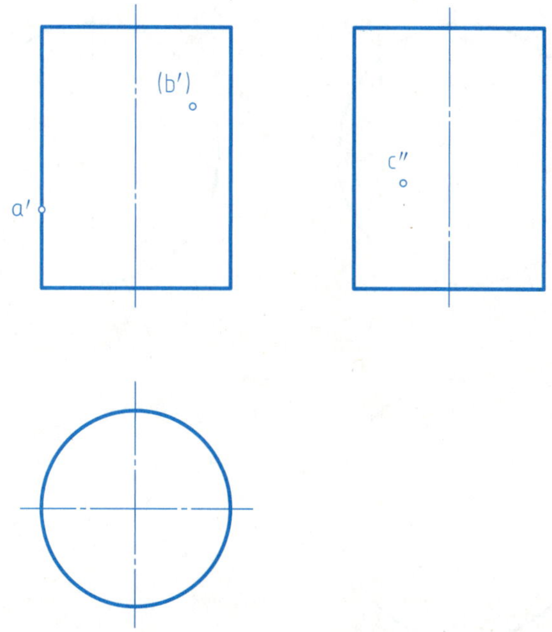

3-12　完成圆柱表面上曲线的投影。

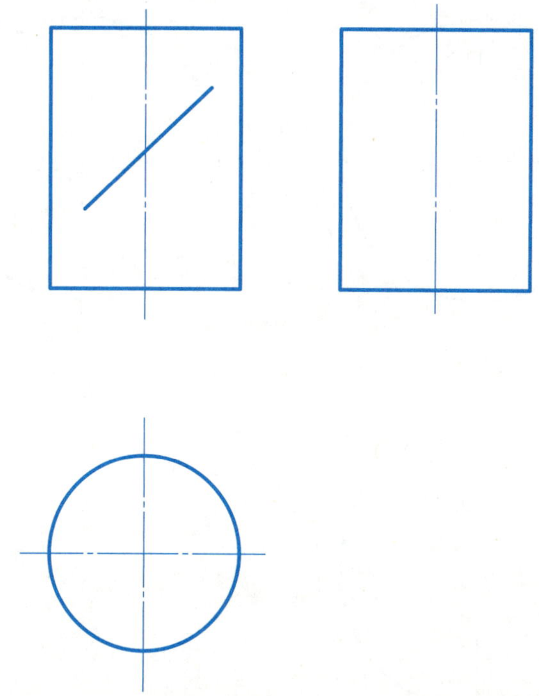

3-13　完成圆锥表面上点的投影。

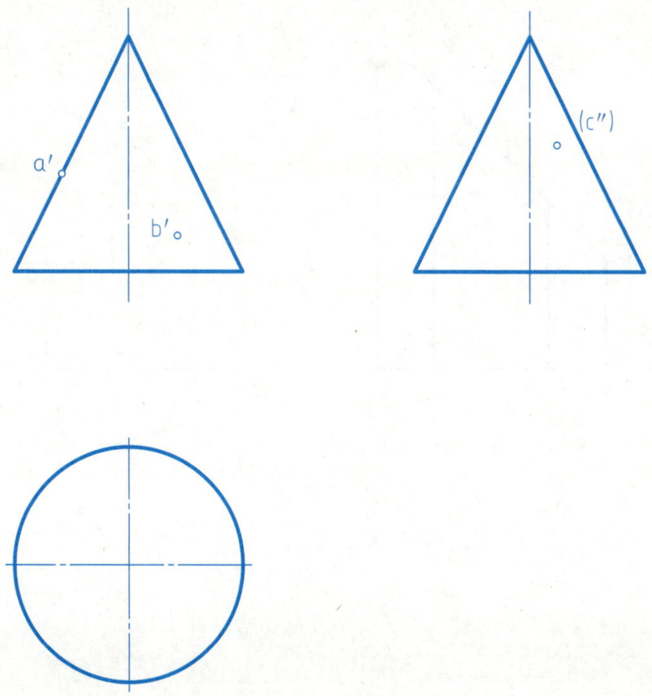

3-14　完成圆锥表面上折线的投影。

（1）

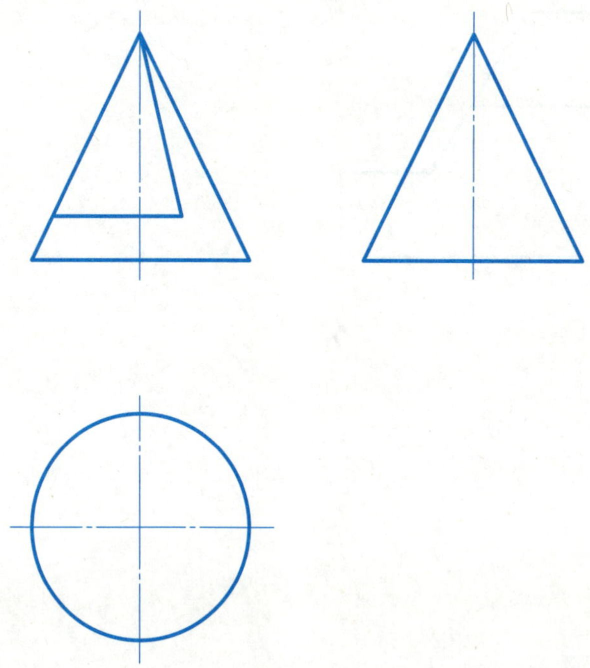

（2）

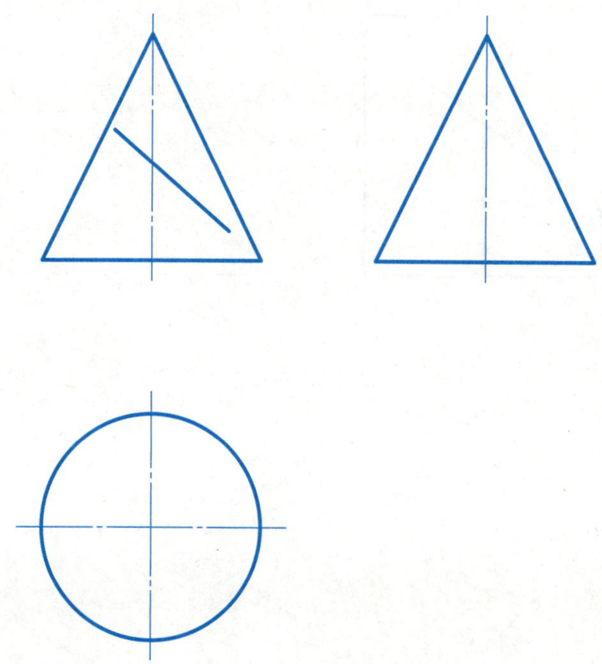

第三章 基本立体投影

班级________ 学号________ 姓名________

3-15 完成圆球表面上点的投影。

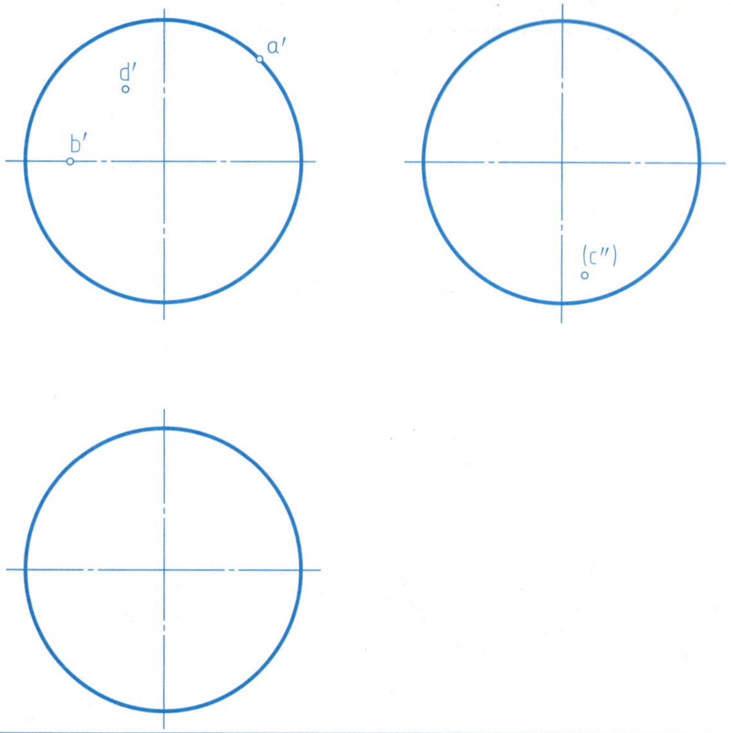

3-16 完成圆球表面上折线的投影。

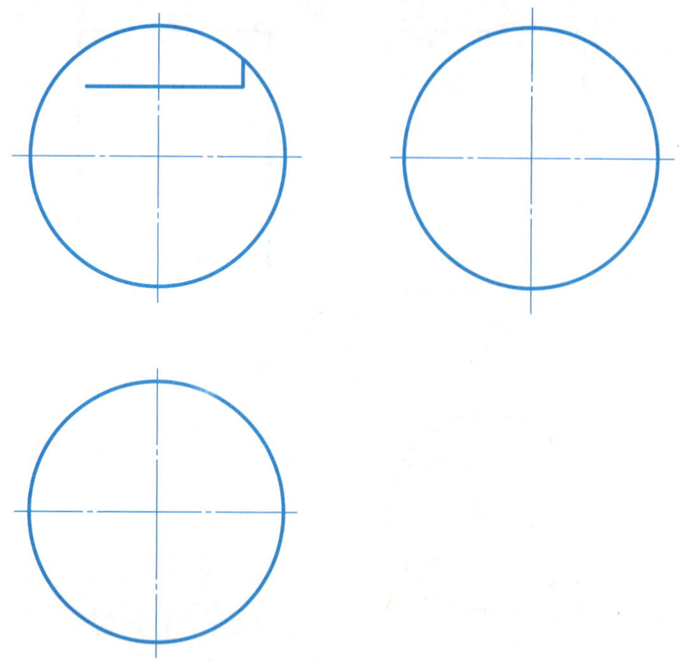

3-18 完成截切棱锥的另两面投影。

（1）

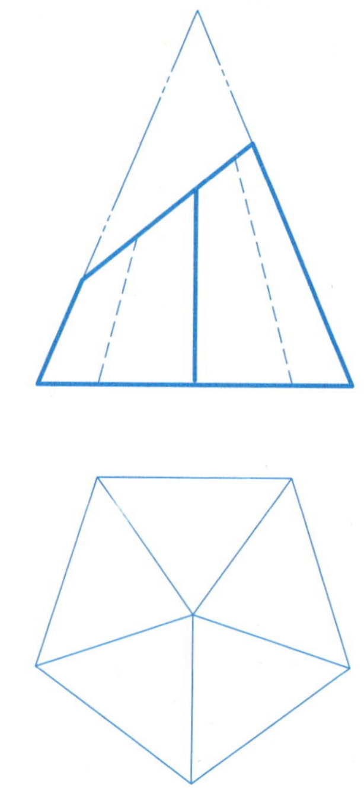

3-17 完成截切棱柱的另两面投影。

（1）

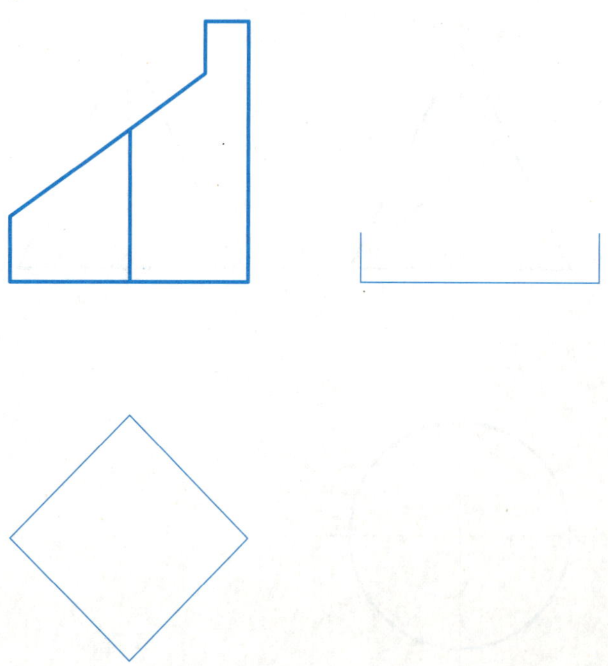

（2）

（3）

班级________ 学号________ 姓名________

3-18　完成截切棱锥的另两面投影（续）。

（2）

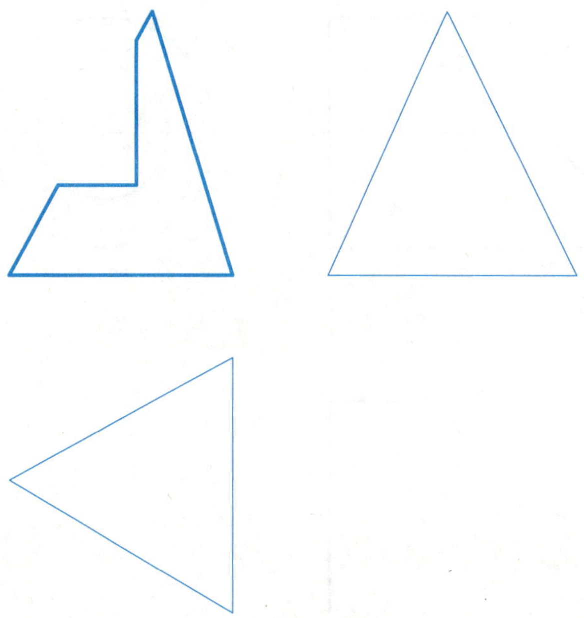

（3）

3-19　完成穿孔四棱锥的另两面投影。

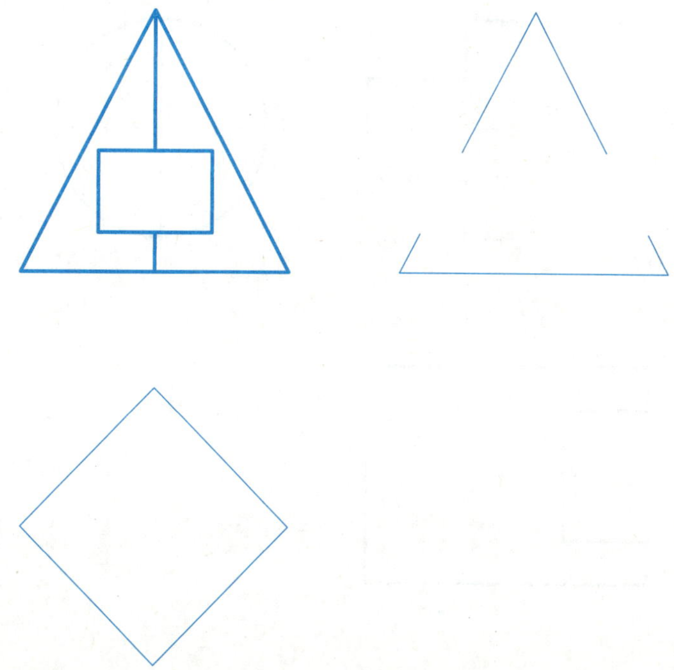

3-20　完成截切圆柱的另两面投影。

（1）

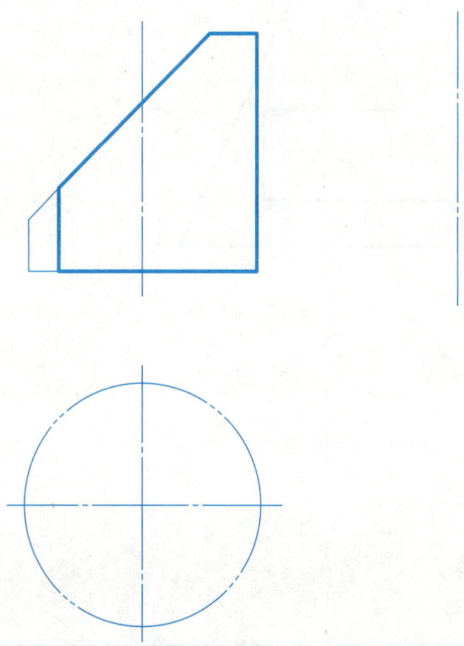

（2）

（3）

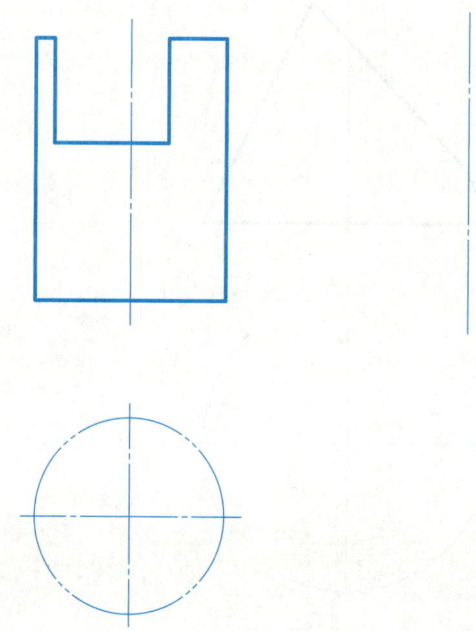

3-20　完成截切圆柱的另两面投影（续）。

（4）

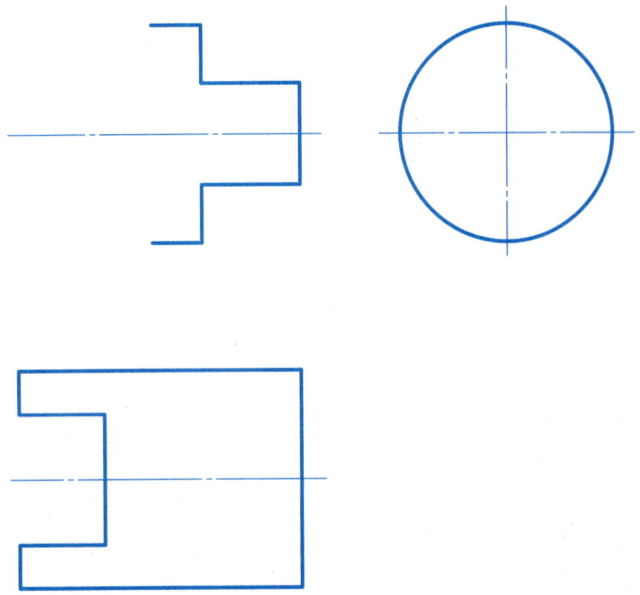

（5）

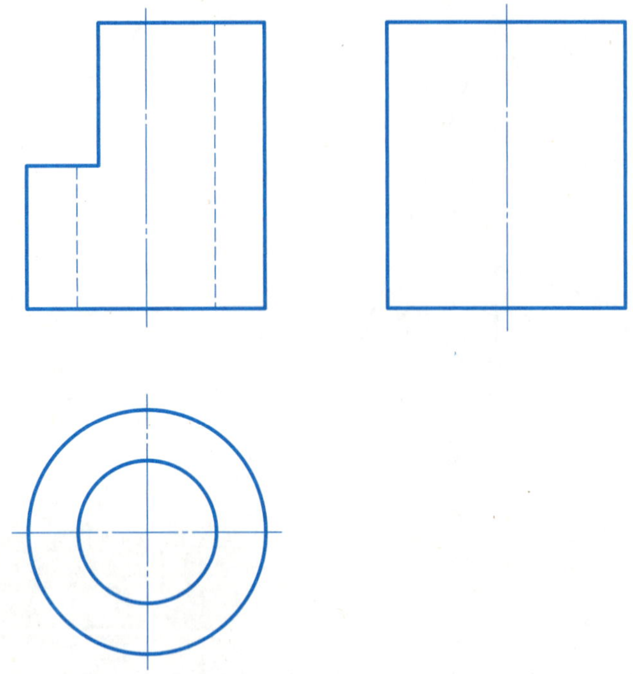

（6）

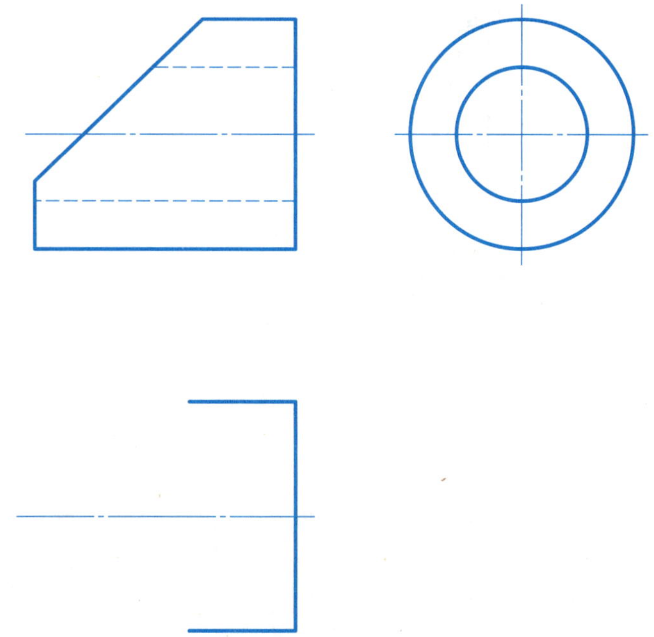

3-21　补全截切圆锥的另两面投影。

（1）

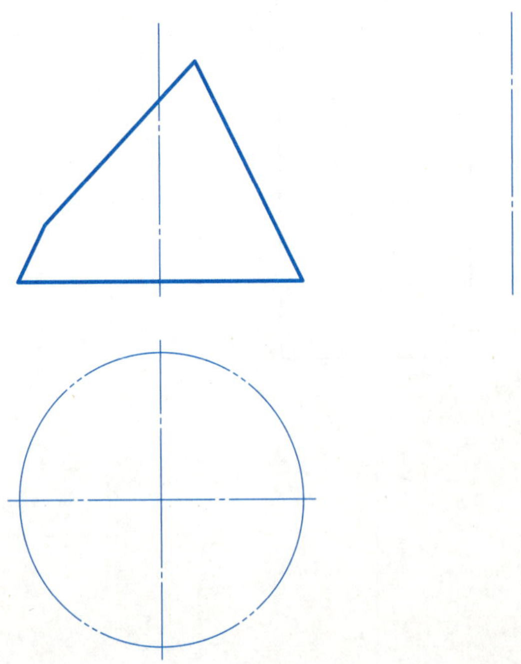

（2）

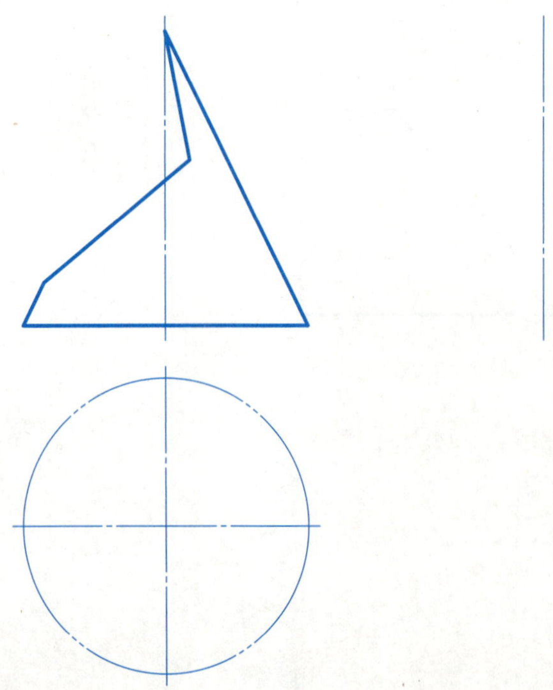

（3）

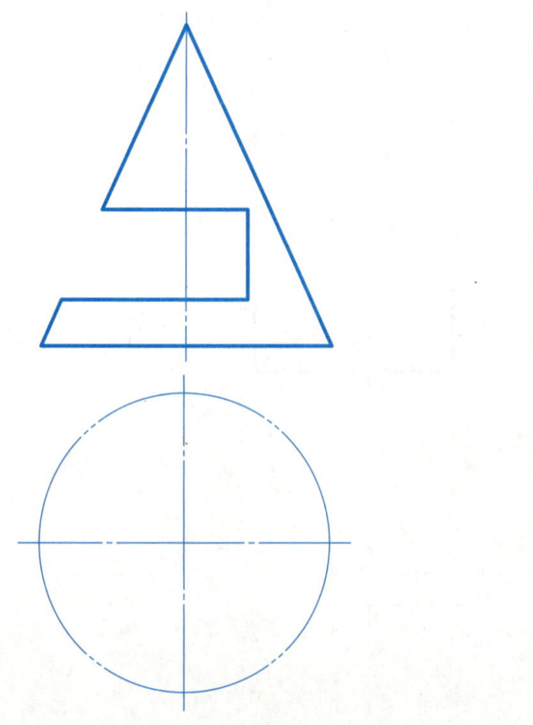

班级________　学号________　姓名________

3-22　补全截切圆球的另两面投影。

（1）

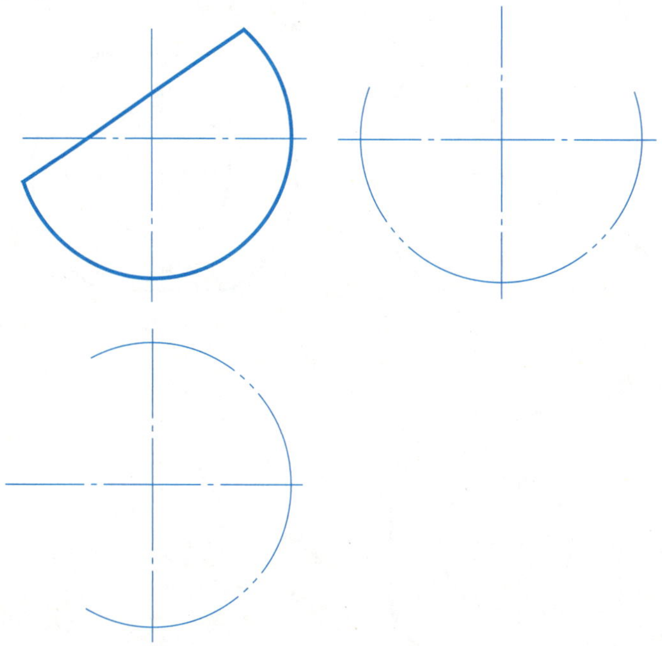

（2）

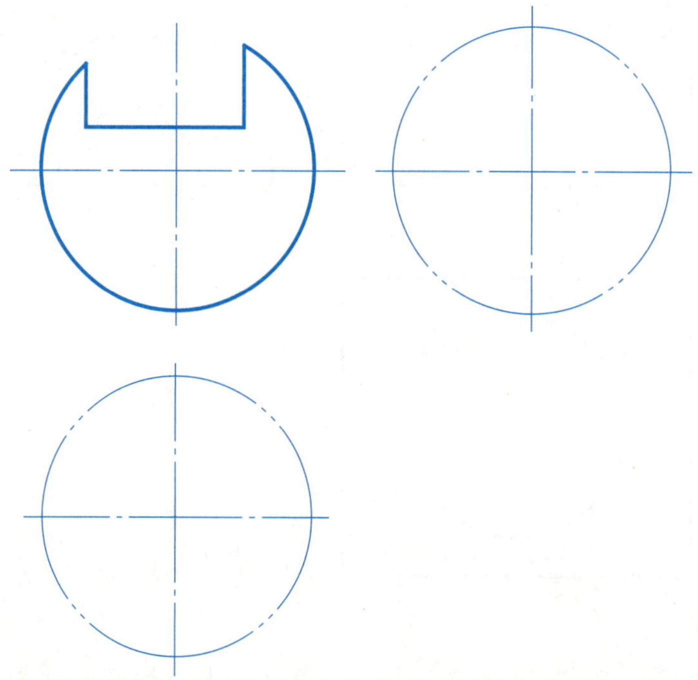

（3）

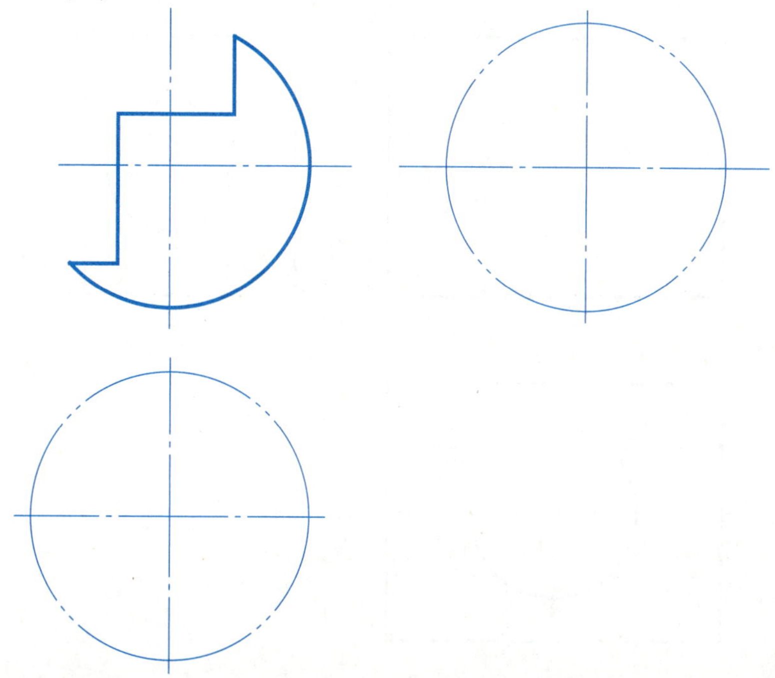

3-23　补画相贯线。

（1）

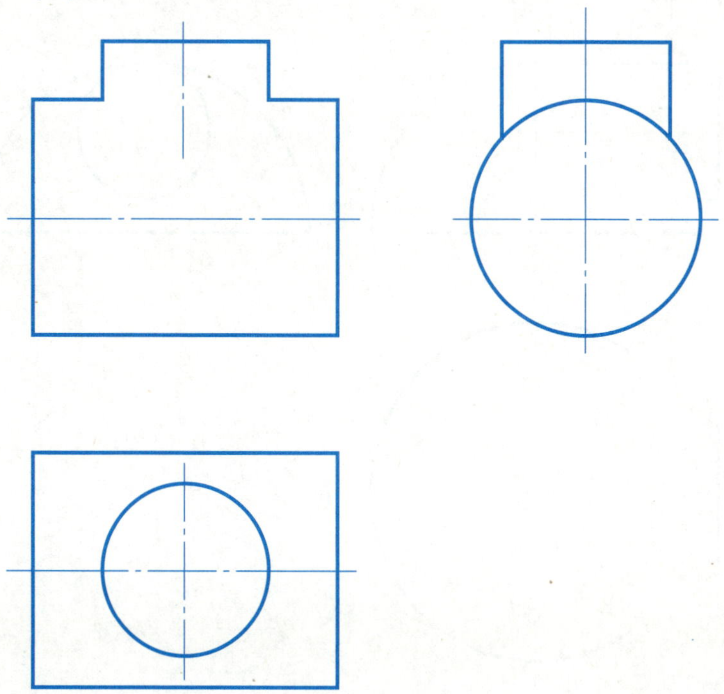

（2）

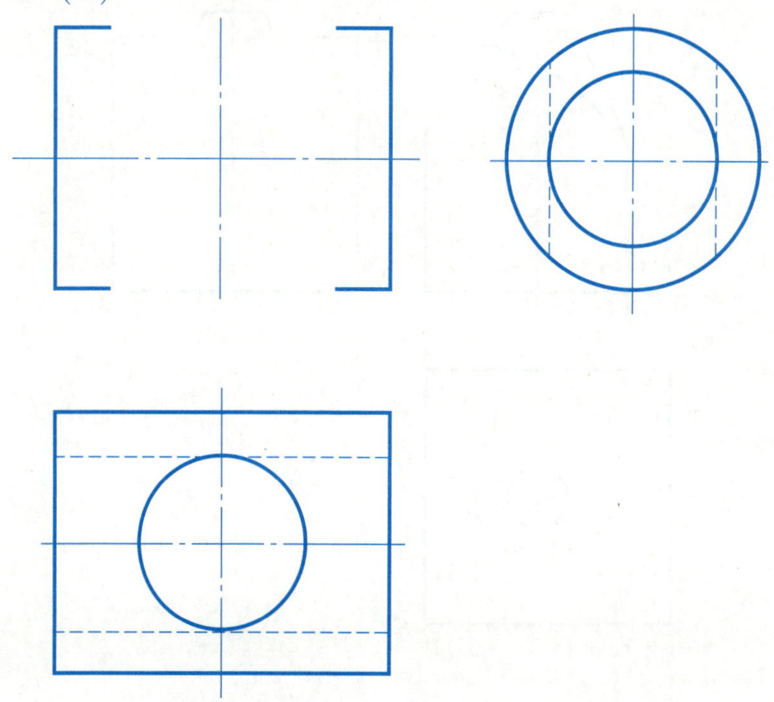

（3）

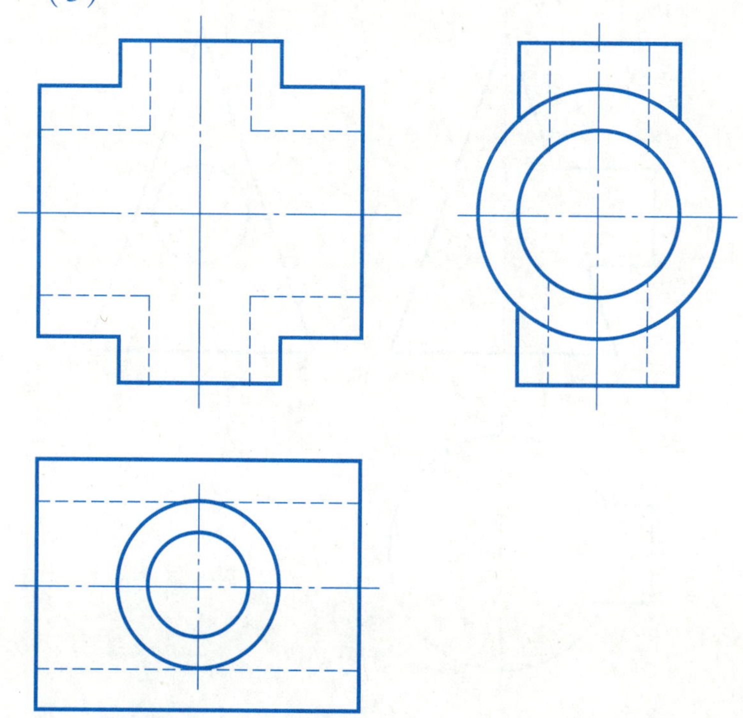

3-23　补画相贯线（续）。

（4）

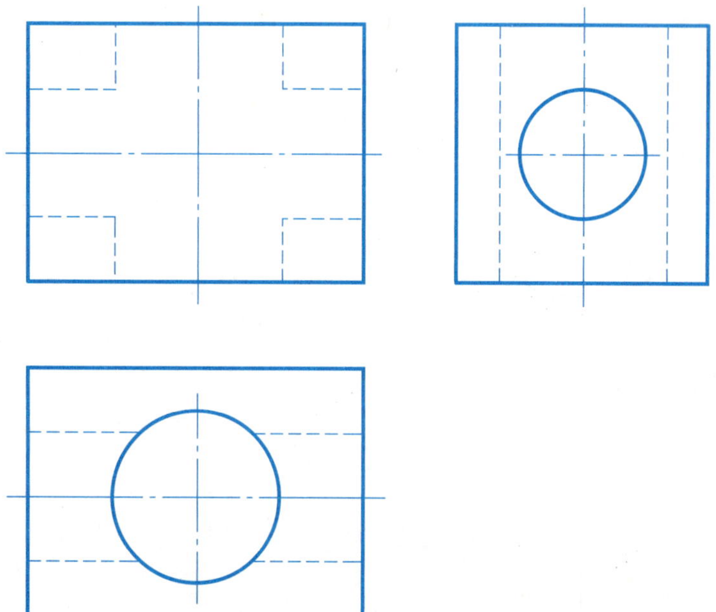

（5）

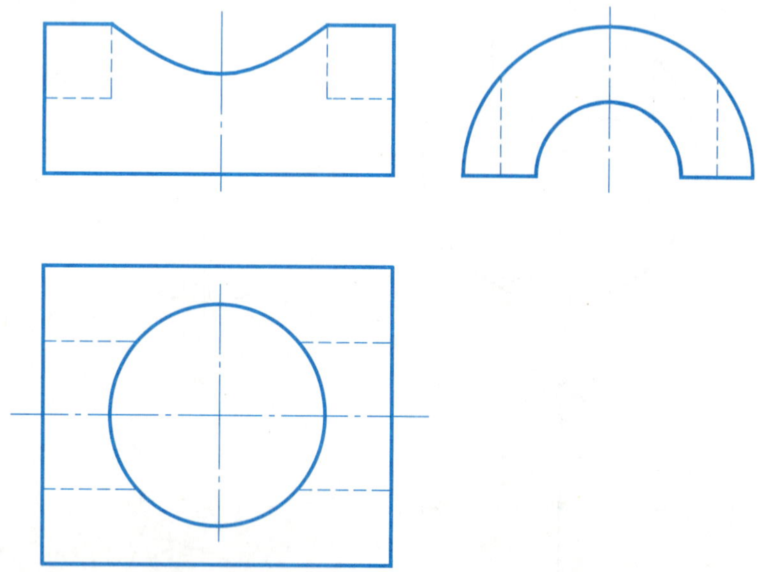

（6）

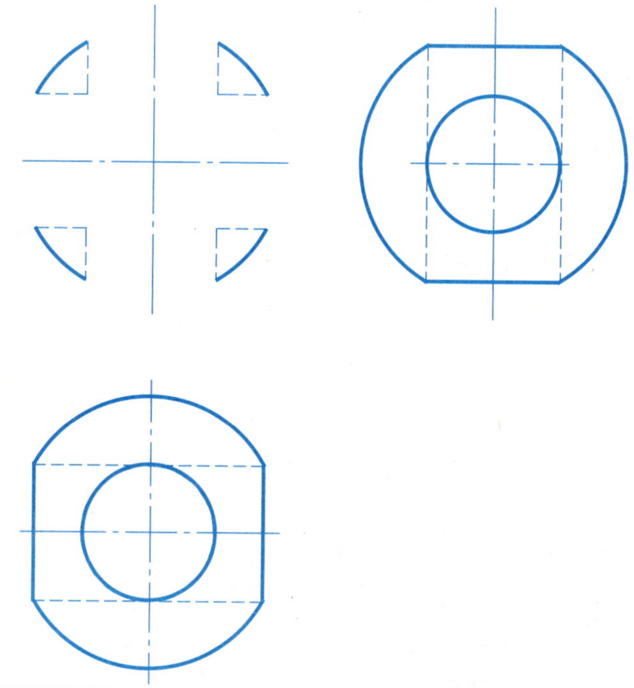

3-24　补全正面投影和水平投影的漏线。

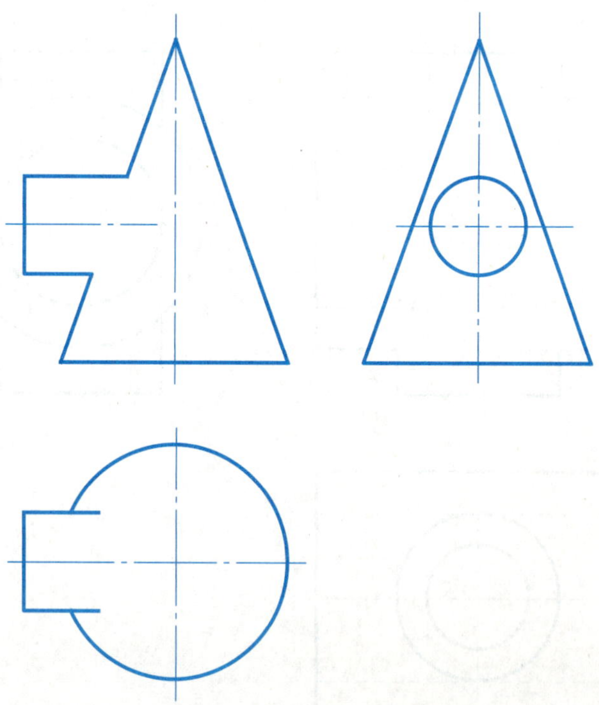

3-25　补全侧面投影和水平投影的漏线。

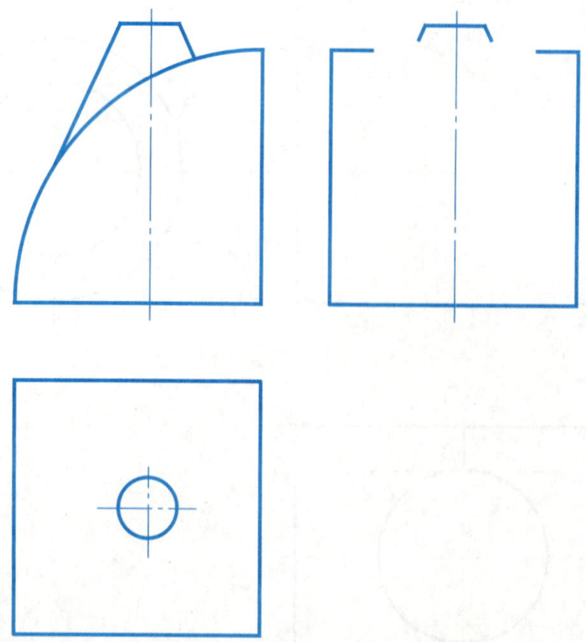

3-26　补全正面投影和水平投影的漏线。

（1）

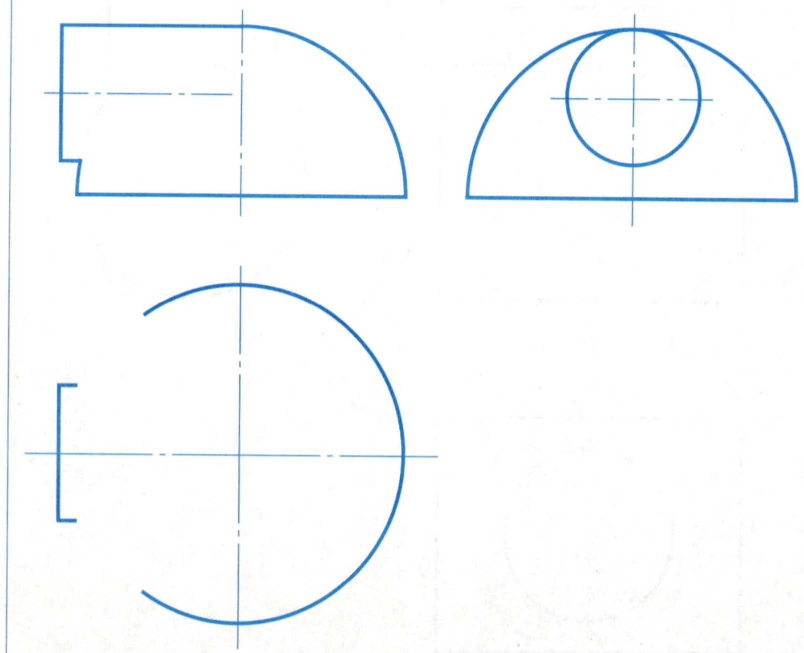

班级________　学号________　姓名________

3-26　补全正面投影和水平投影的漏线（续）。

（2）

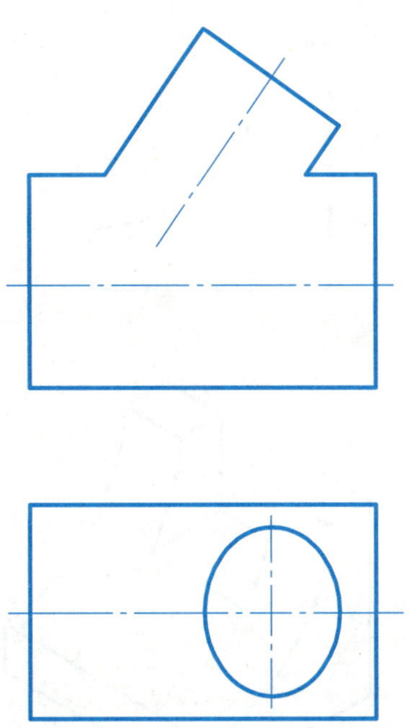

3-27　补全正面投影和侧面投影的漏线。

（1）

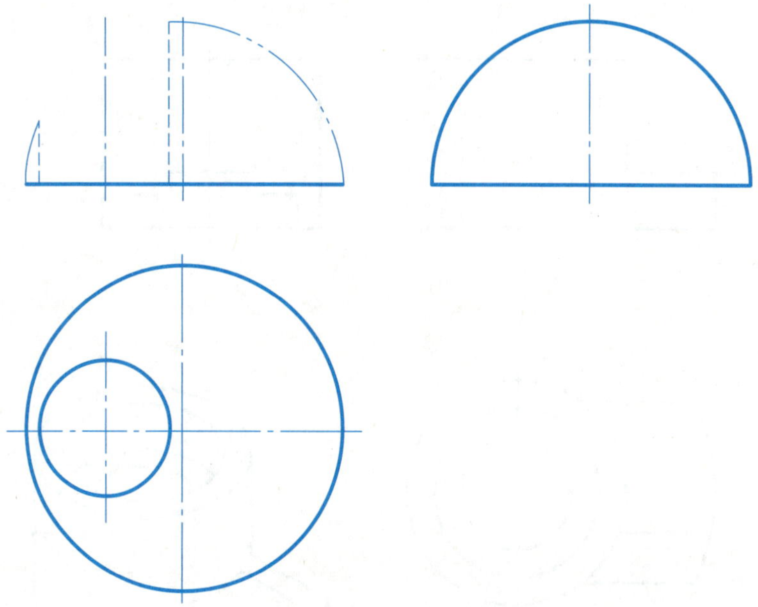

（2）

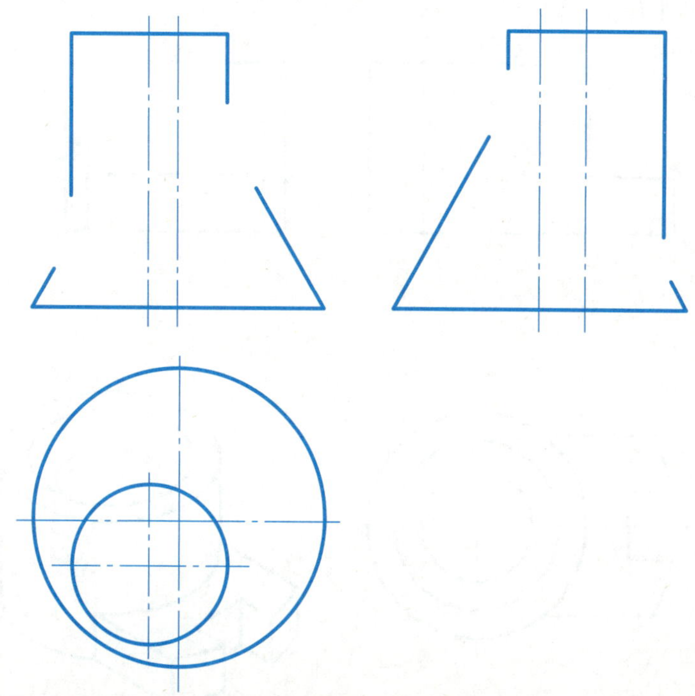

3-28　补全正面投影和水平投影的漏线。

（1）

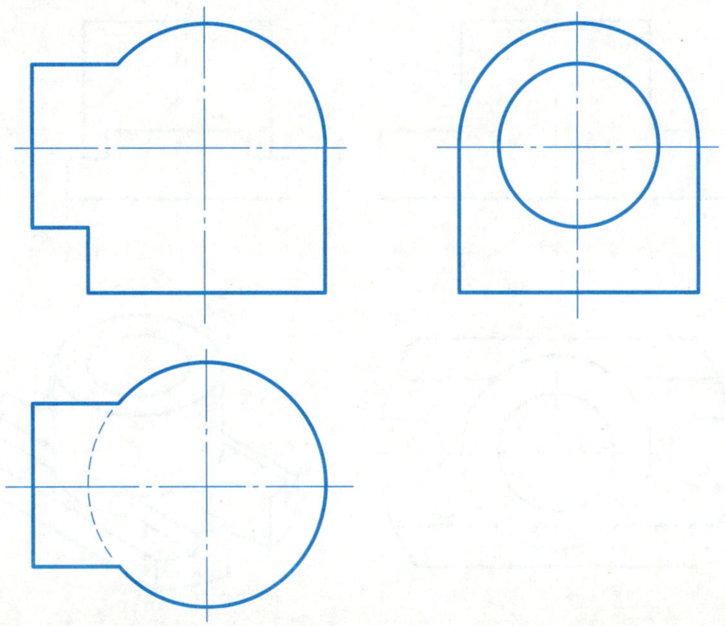

（2）

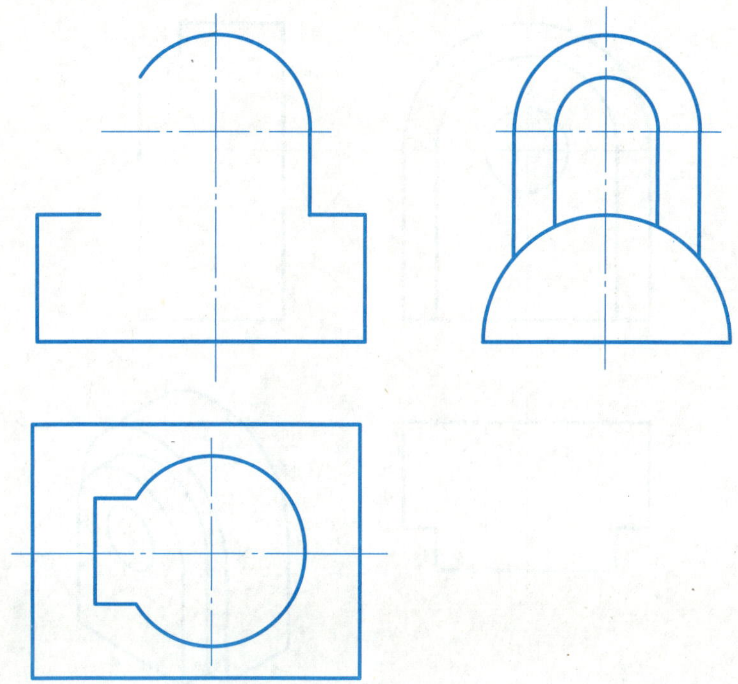

（3）

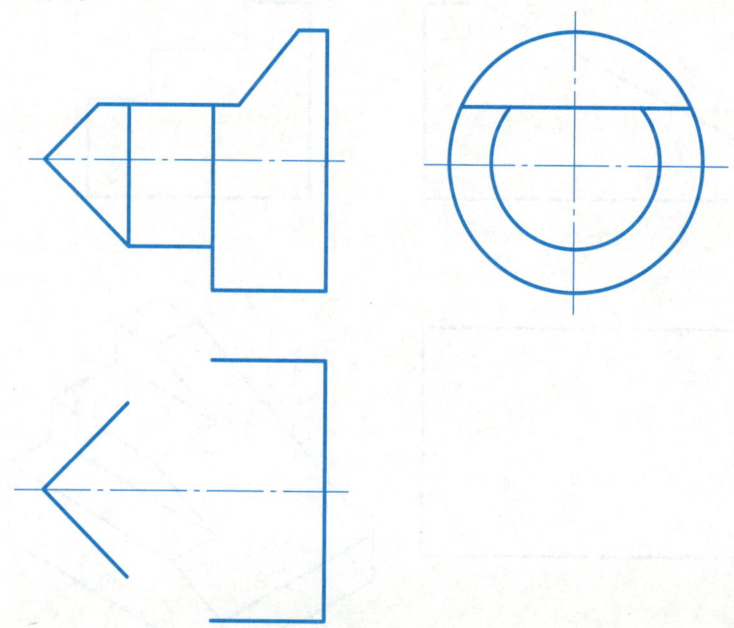

4-1　参照立体图，补画组合体三视图中的漏线。

（1）

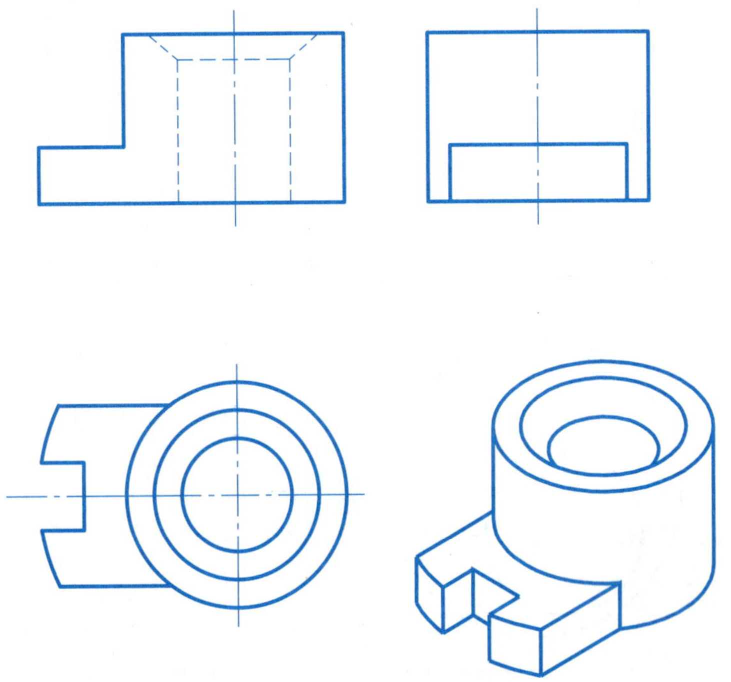

（2）

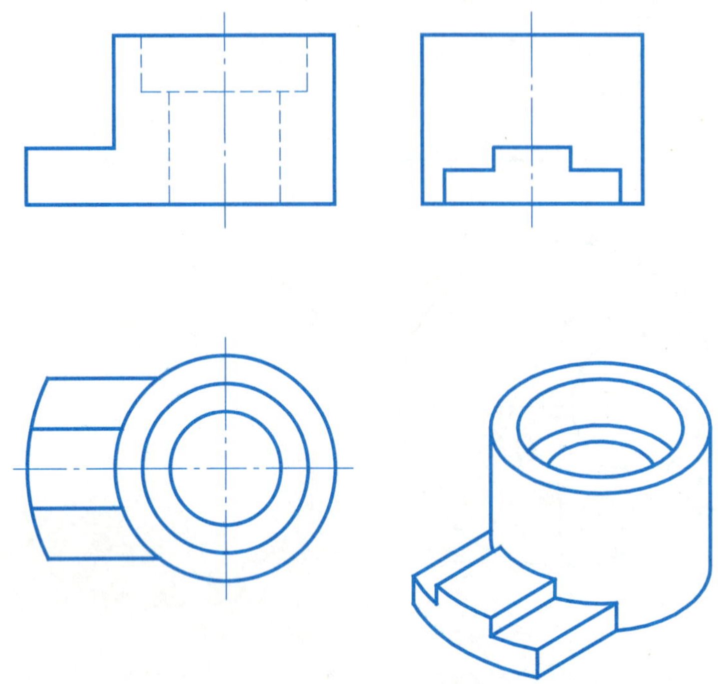

（3）

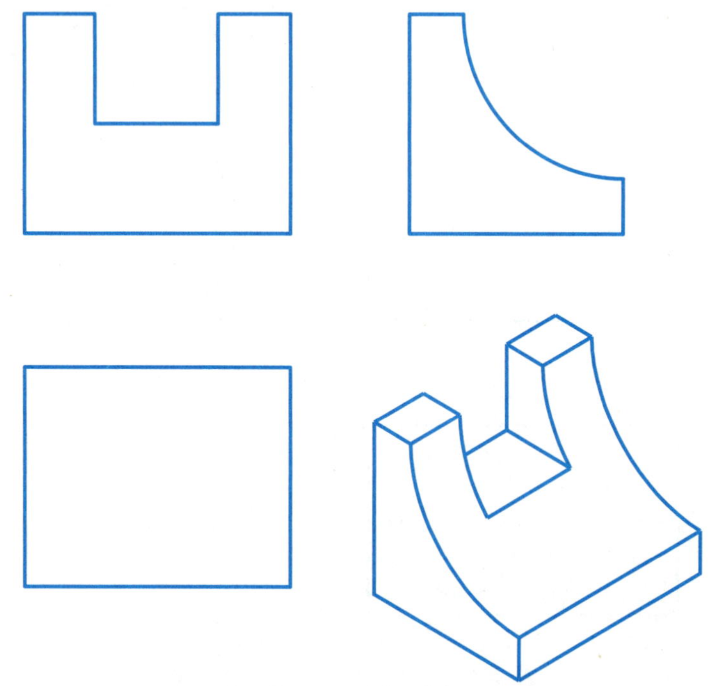

（4）

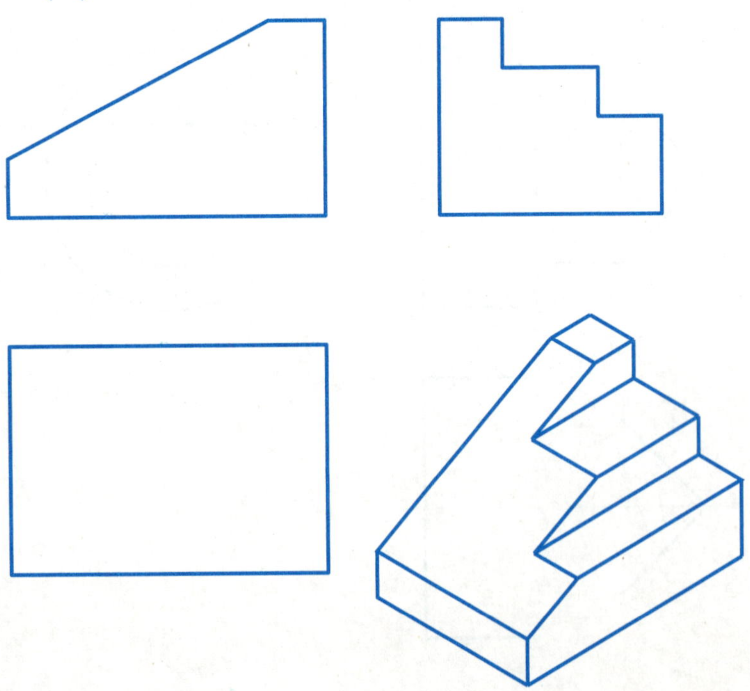

（5）

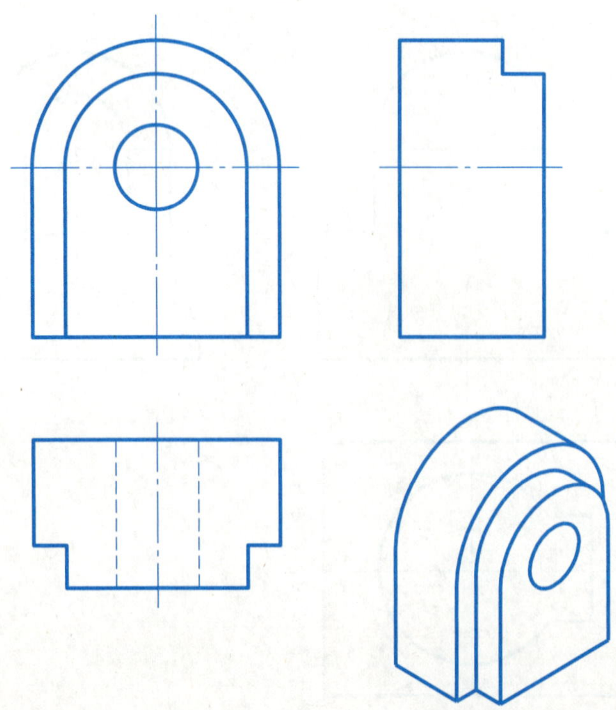

（6）

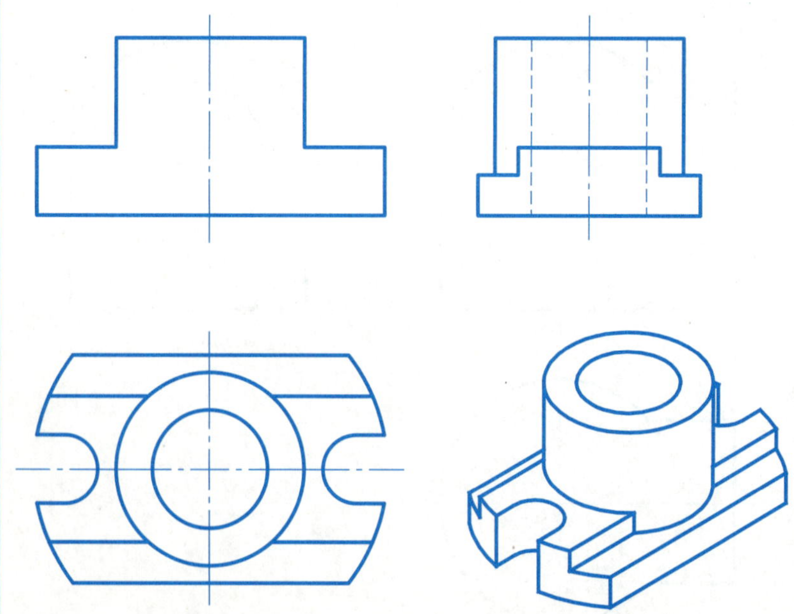

4-1　参照立体图，补画组合体三视图中的漏线（续）。

（7）

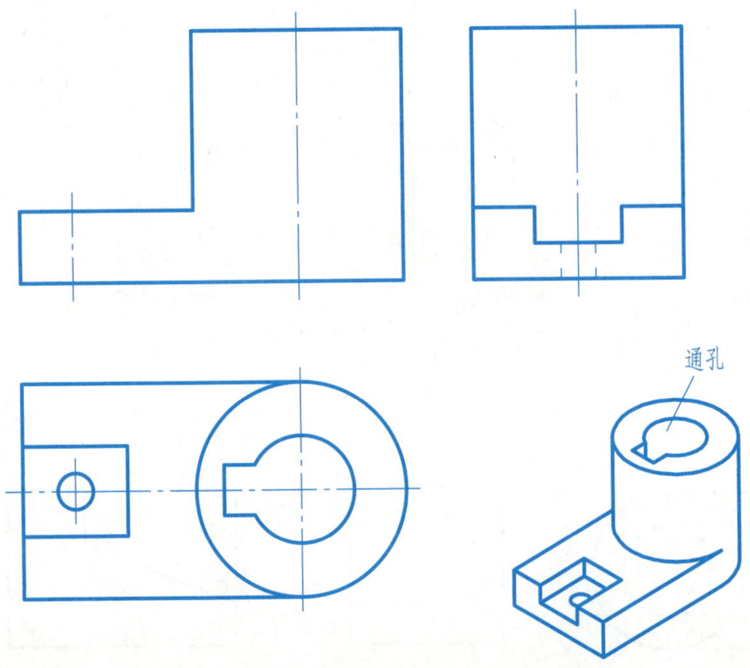

（8）

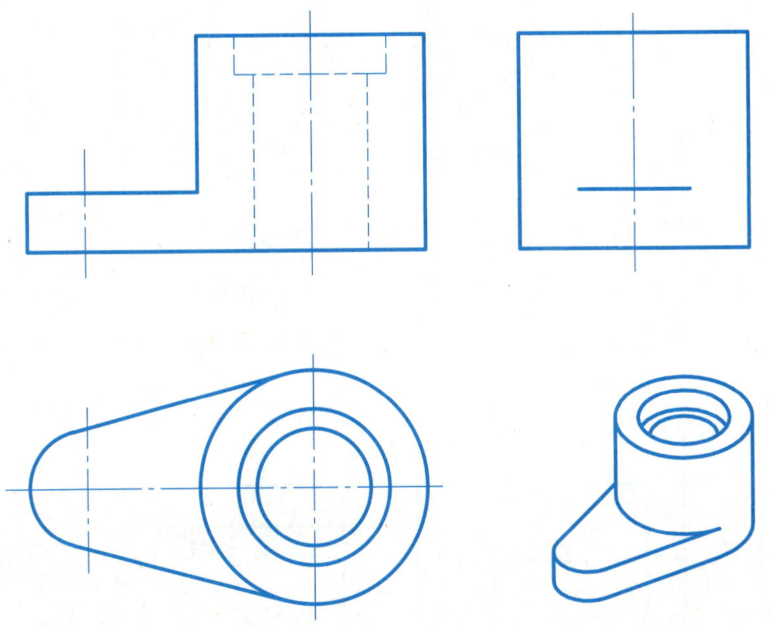

（9）

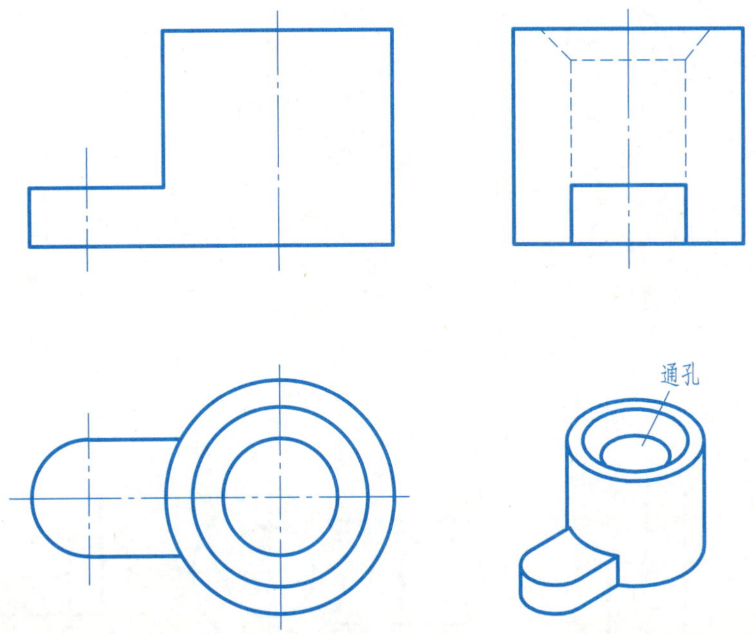

（10）

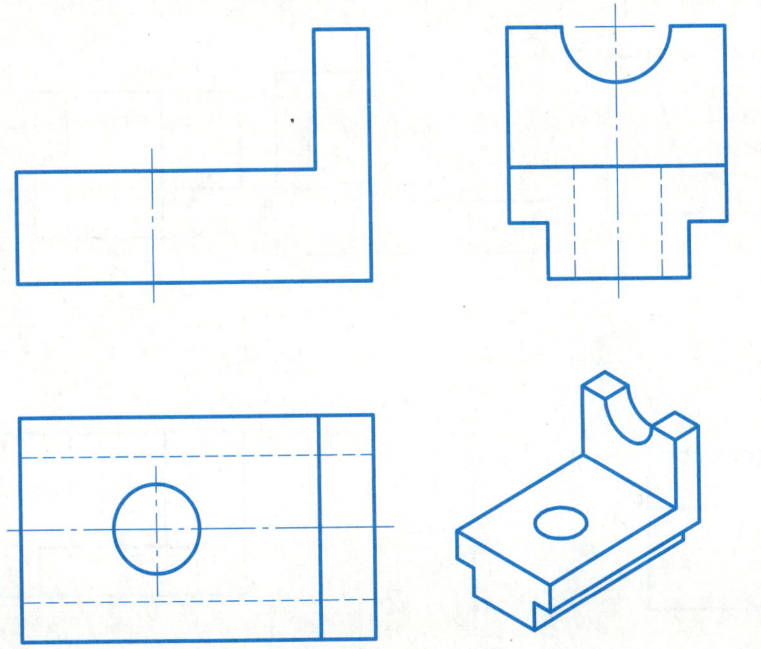

（11）

（12）

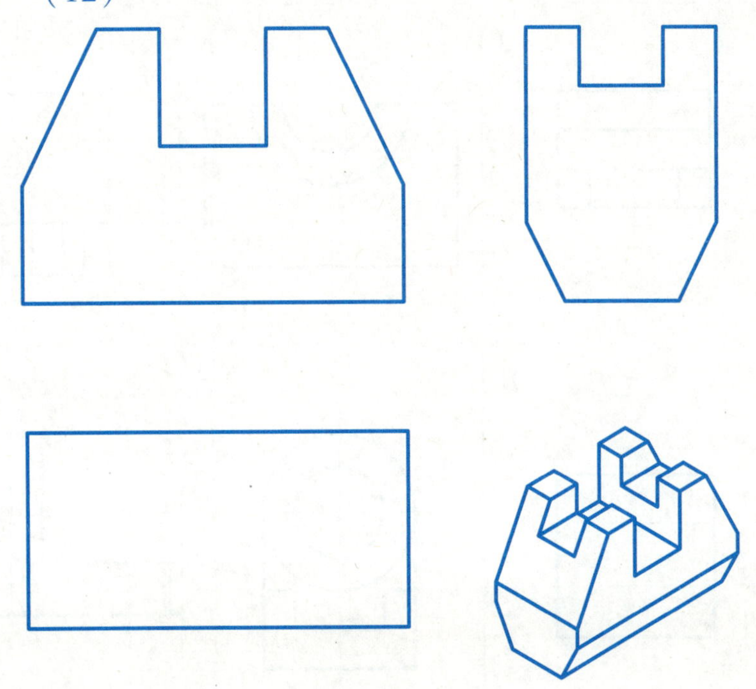

班级________ 学号________ 姓名________

4-2　根据所给立体图，找出对应的三视图并将相应字母填入括号中。

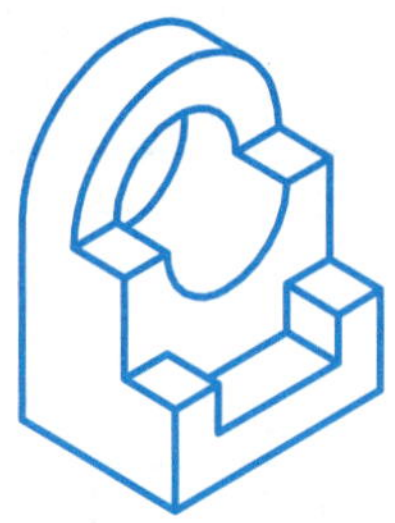

主视图（　）
俯视图（　）
左视图（　）

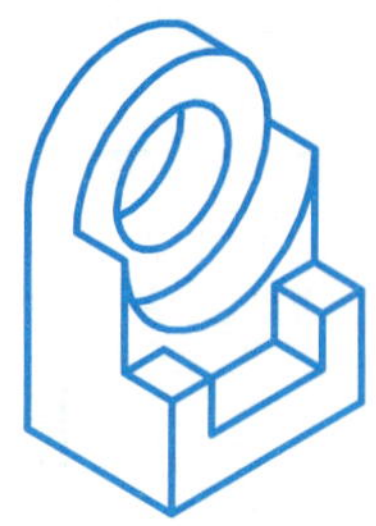

主视图（　）
俯视图（　）
左视图（　）

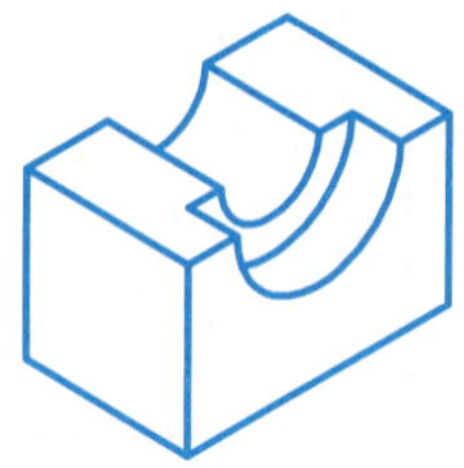

主视图（　）
俯视图（　）
左视图（　）

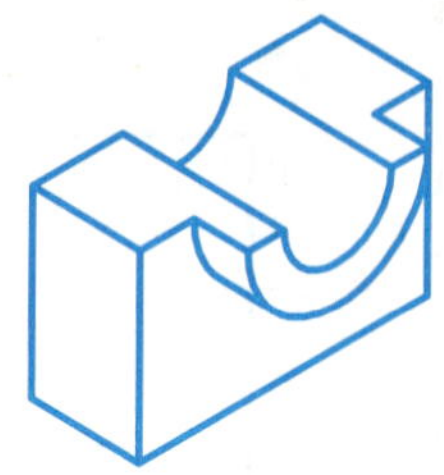

主视图（　）
俯视图（　）
左视图（　）

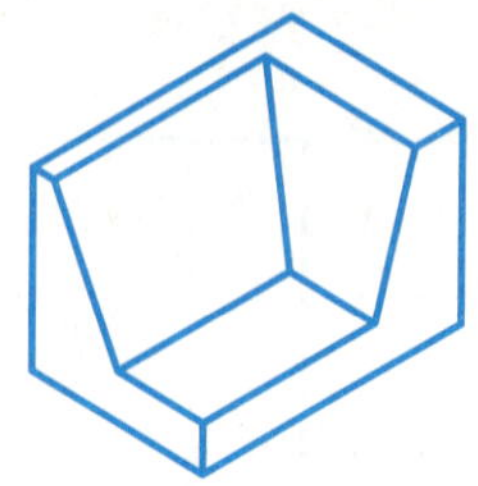

主视图（　）
俯视图（　）
左视图（　）

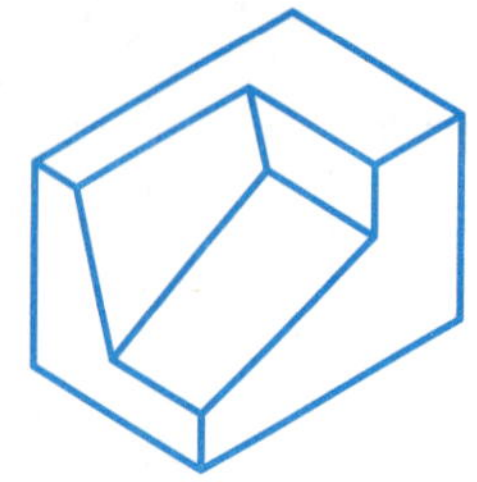

主视图（　）
俯视图（　）
左视图（　）

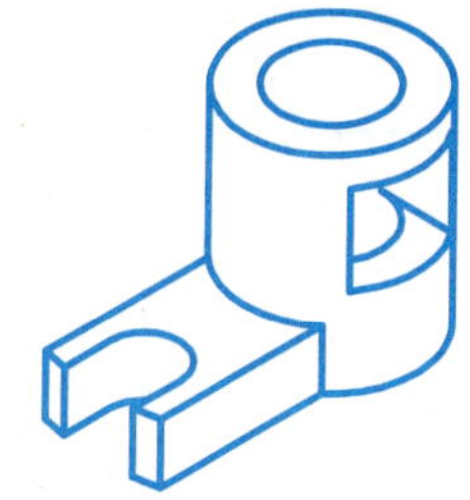

主视图（　）
俯视图（　）
左视图（　）

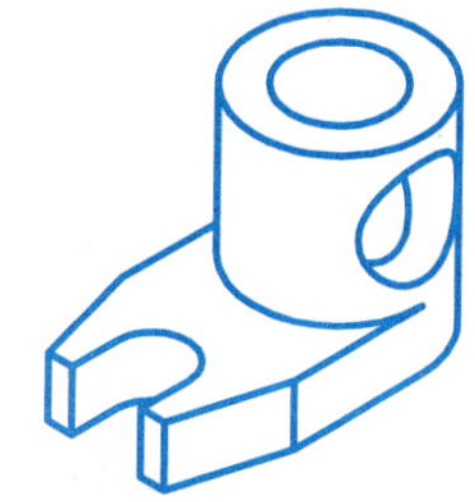

主视图（　）
俯视图（　）
左视图（　）

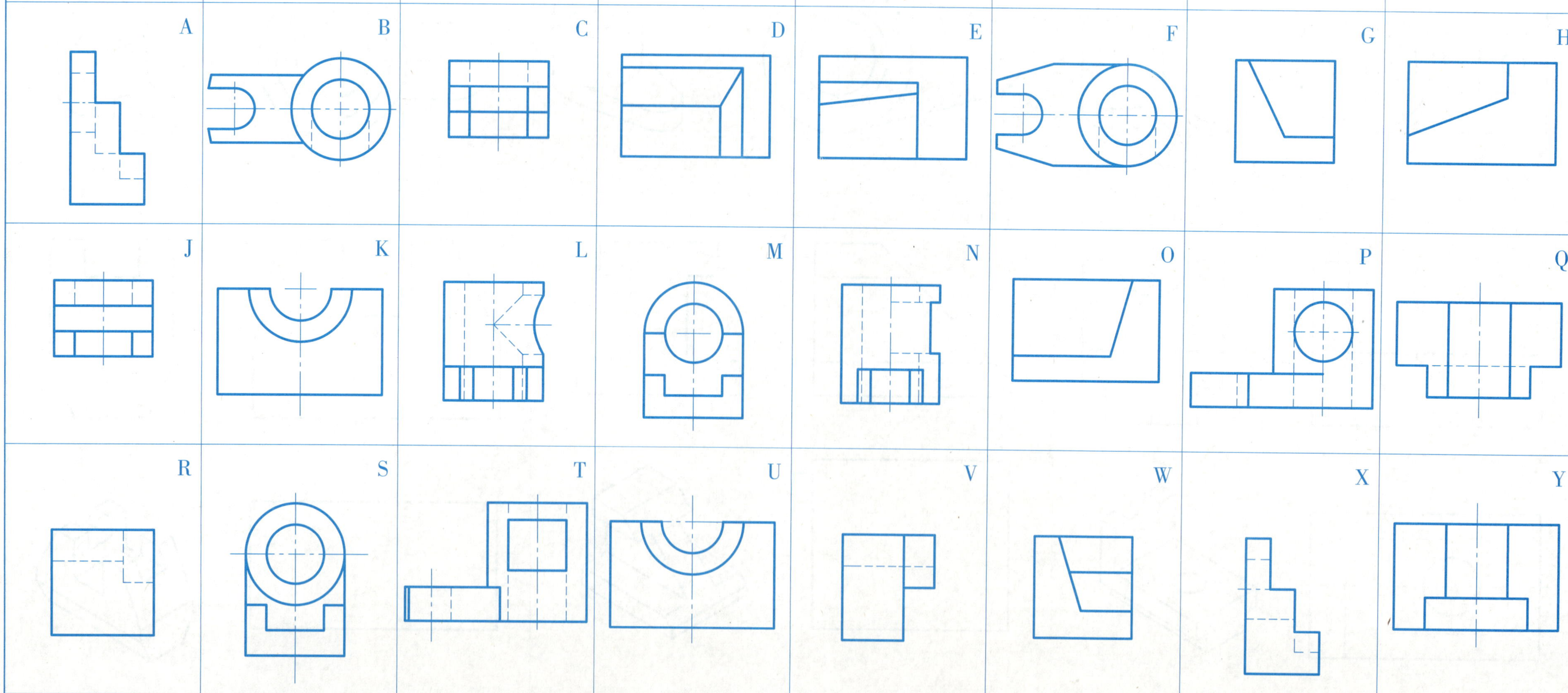

4-3　参照立体图，补画组合体第三视图。

（1）

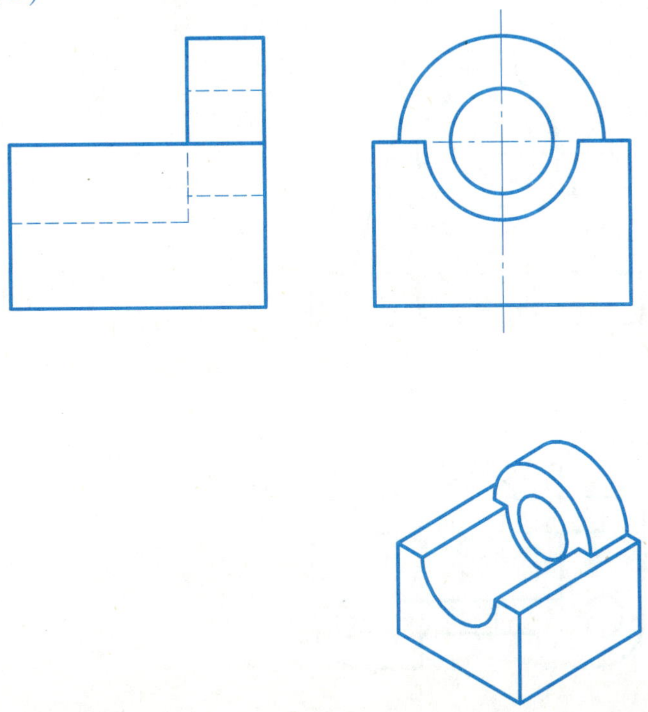

（2）

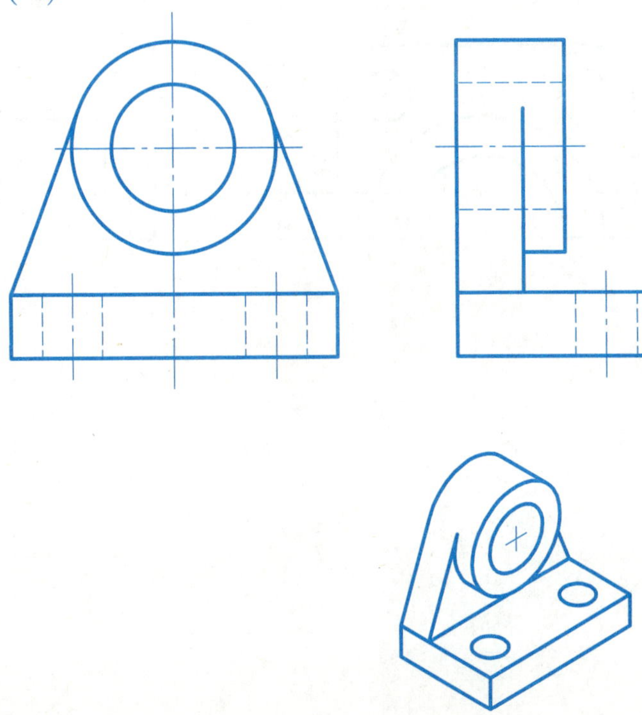

（3）

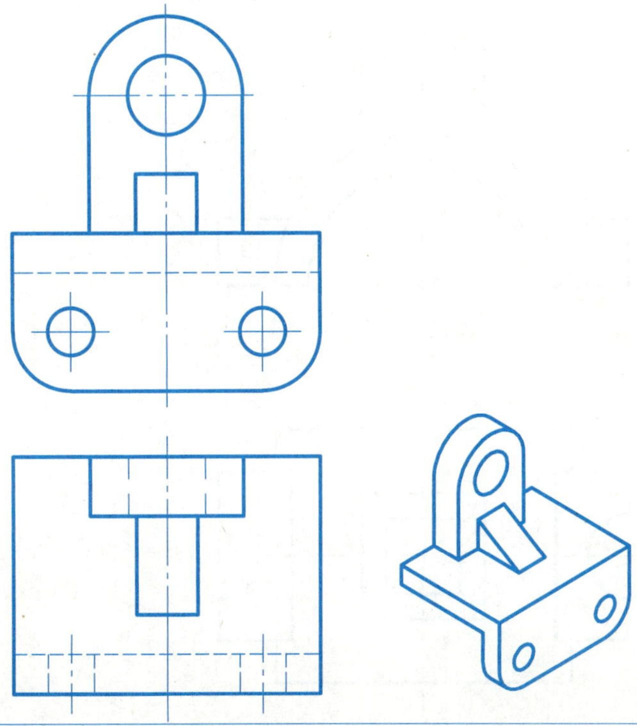

（4）

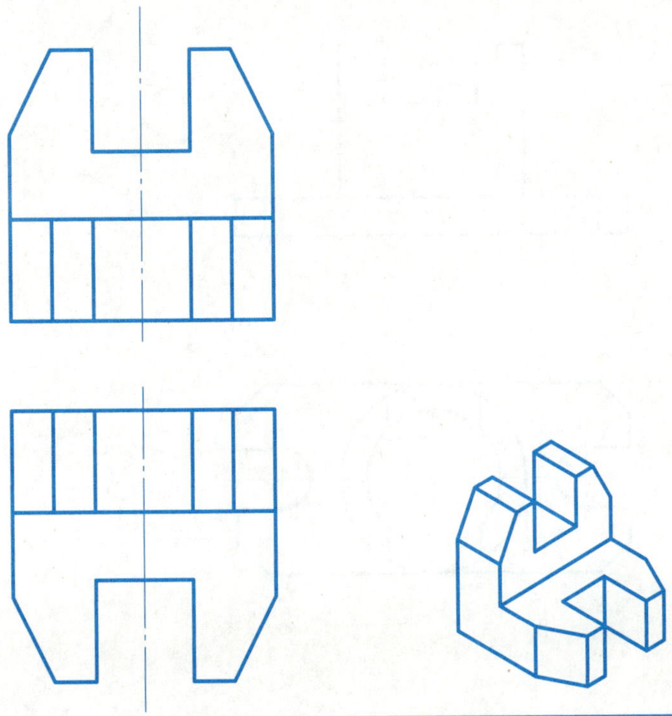

（5）

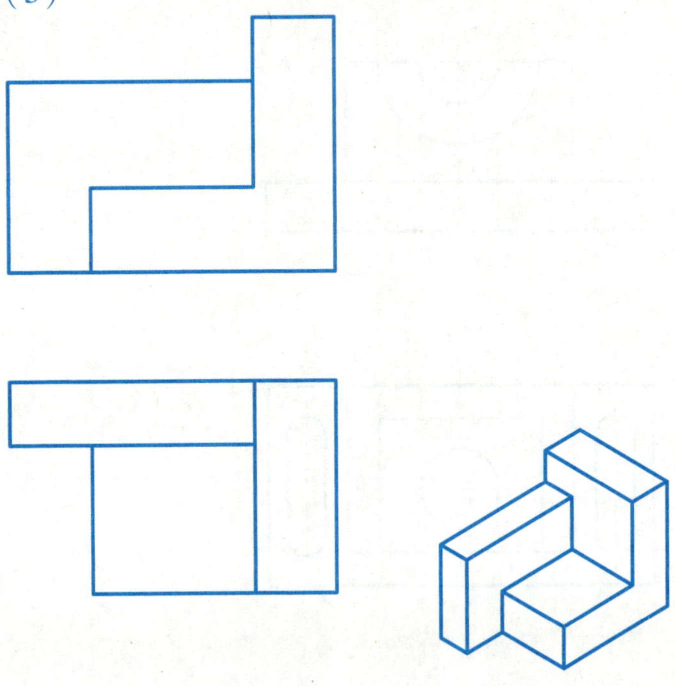

（6）

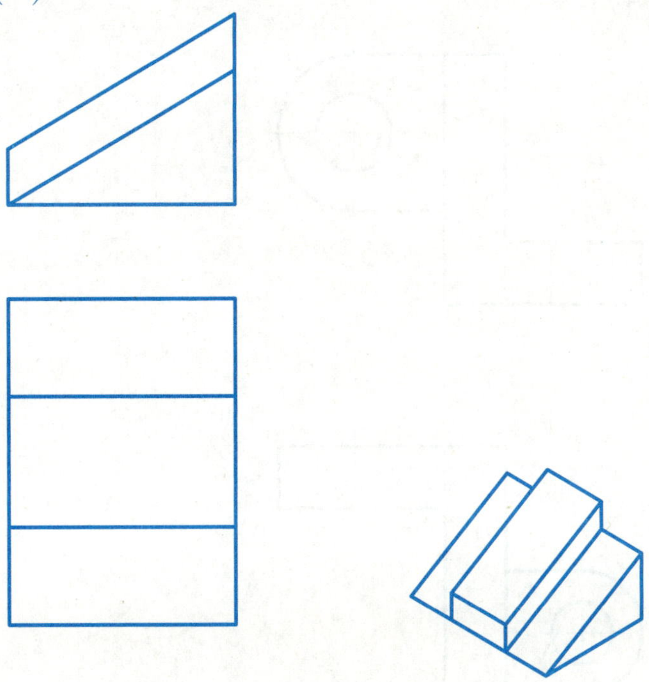

班级________ 学号________ 姓名________

4-4　根据两视图，补画第三视图。

（1）

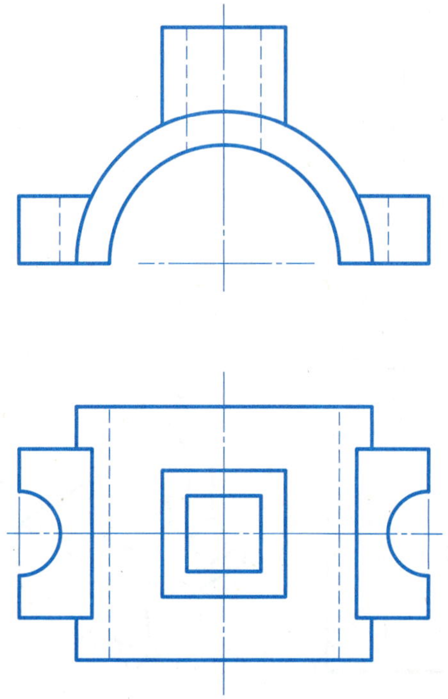

（2）

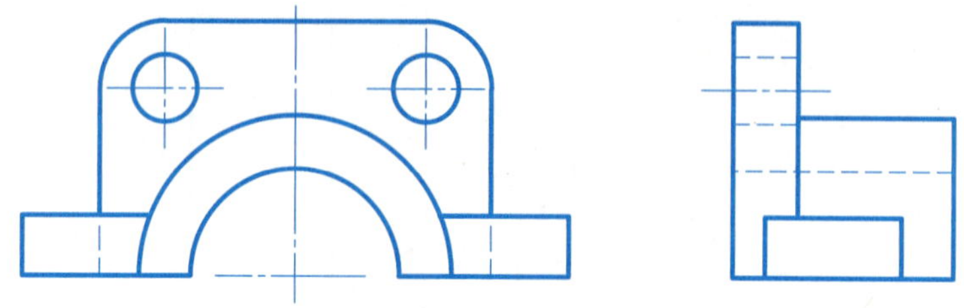

（3）

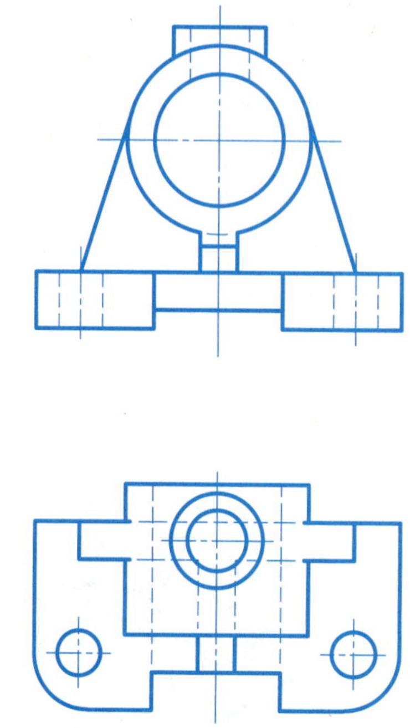

（4）

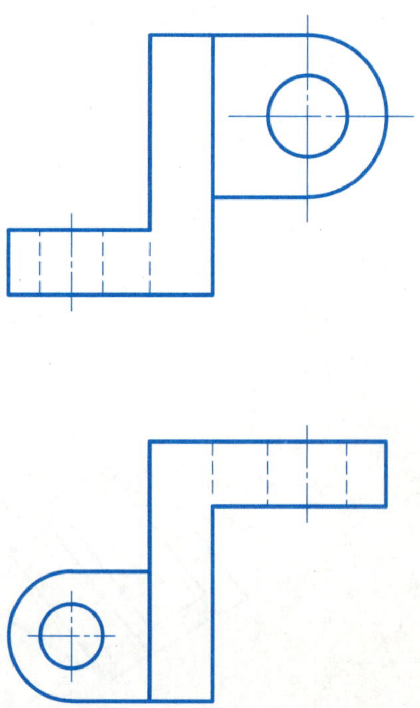

（5）

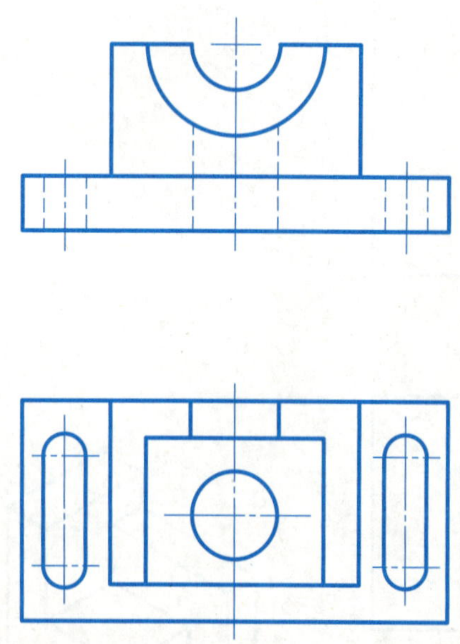

（6）

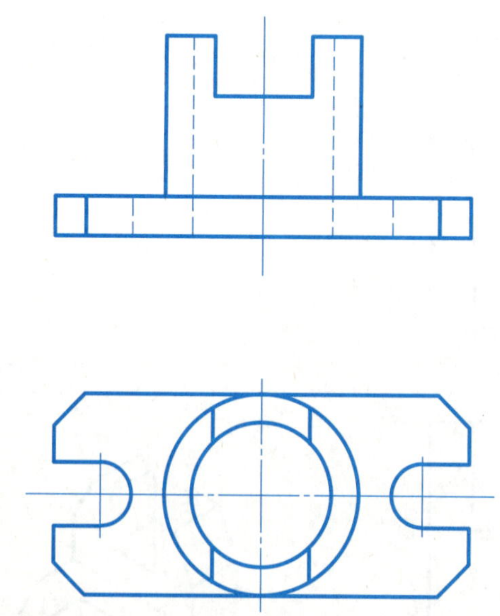

班级________ 学号________ 姓名________

4-4 根据两视图，补画第三视图（续）。

（7）

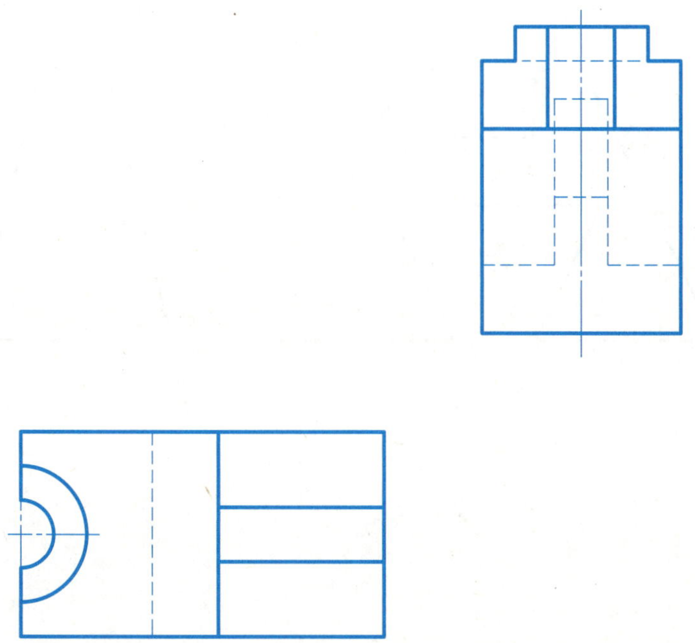

（8）

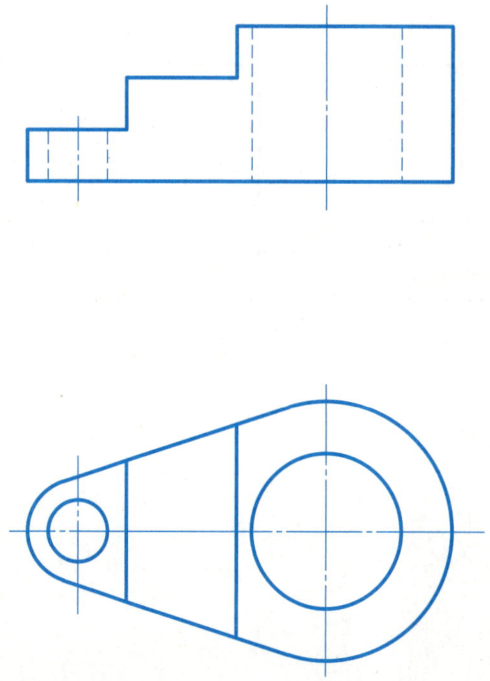

（9）

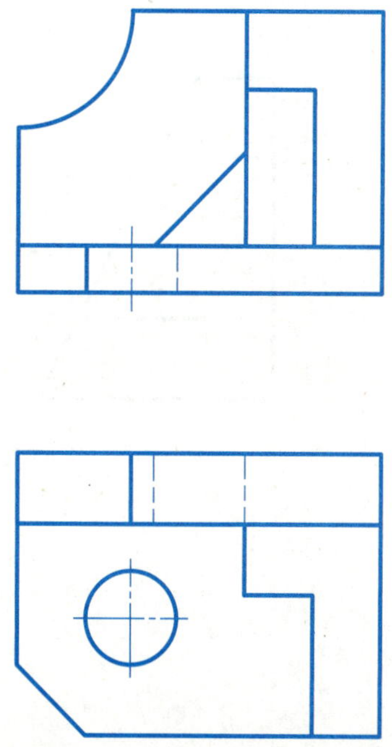

（10）

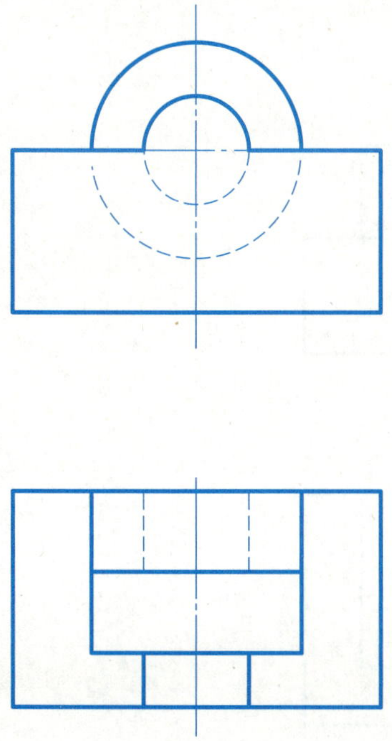

（11）

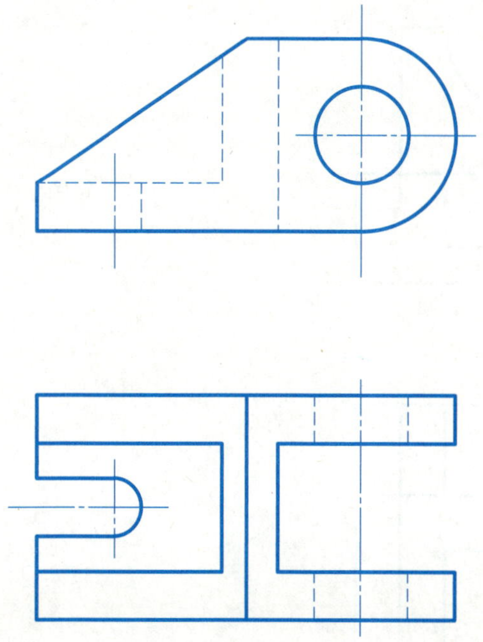

（12）

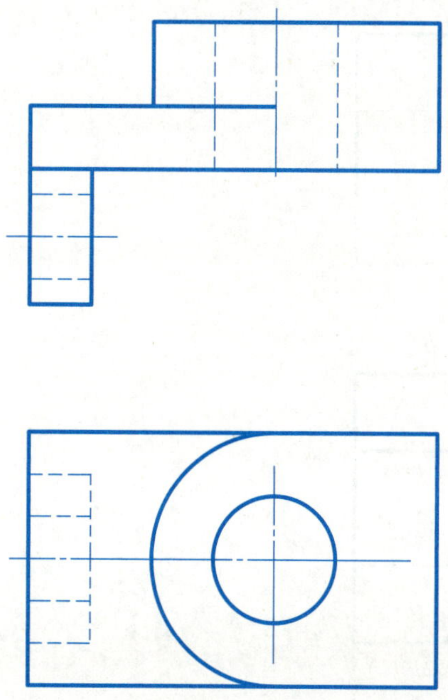

班级________ 学号________ 姓名________

4-4 根据两视图，补画第三视图（续）。

（13）

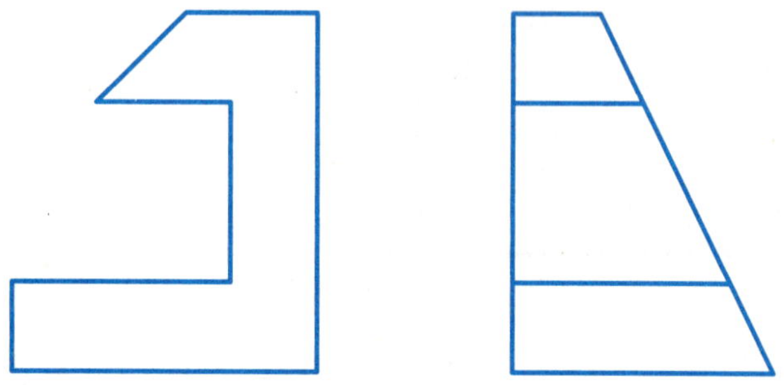

（14）

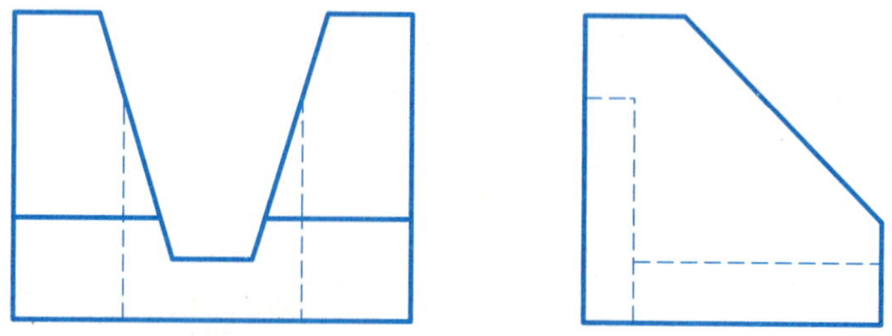

（15）

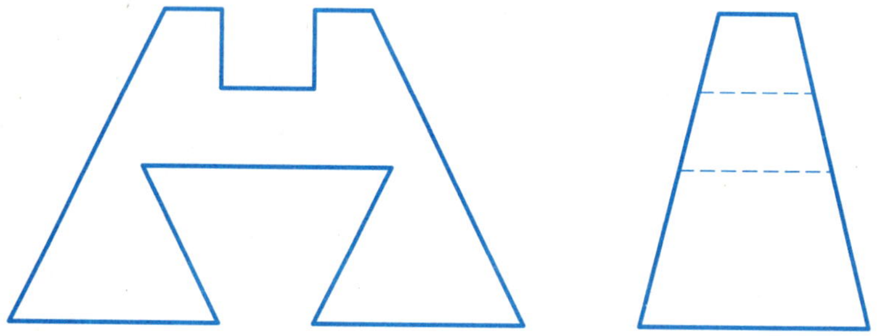

（16）

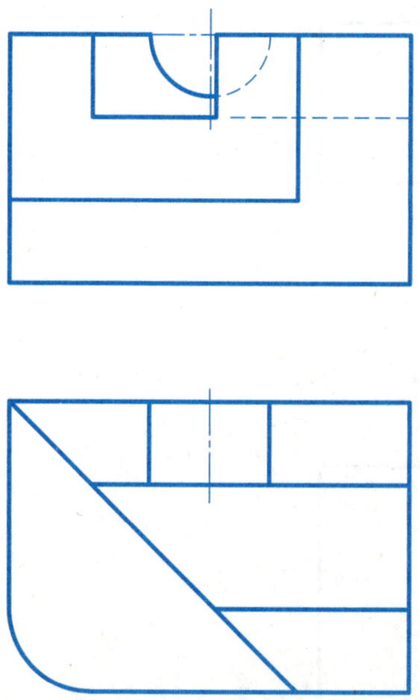

（17）

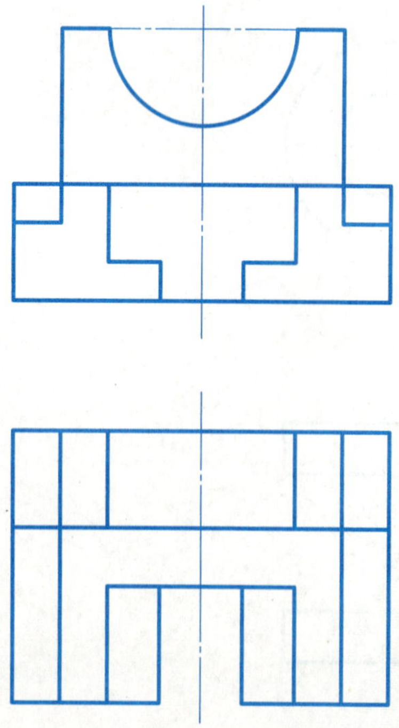

（18）

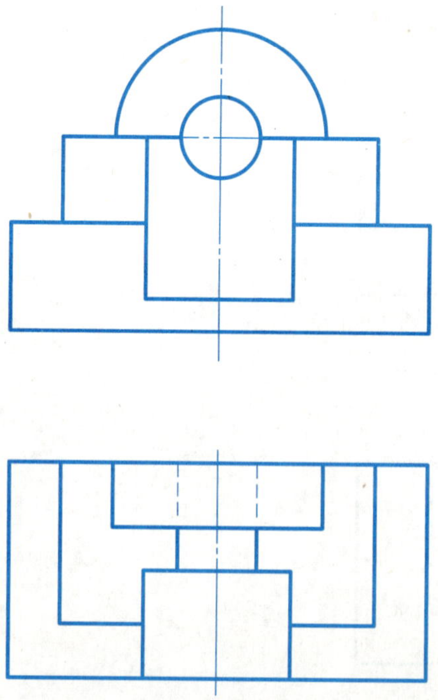

4-4　根据两视图，补画第三视图（续）。

（19）

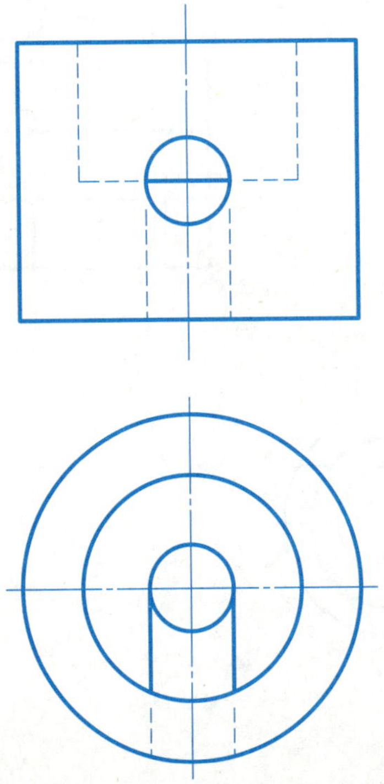

（20）

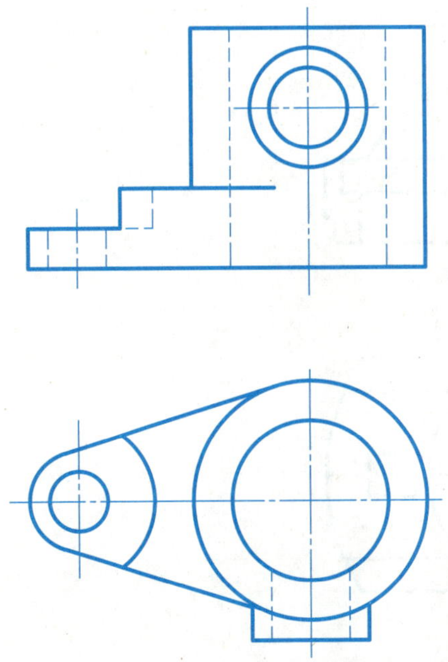

（21）

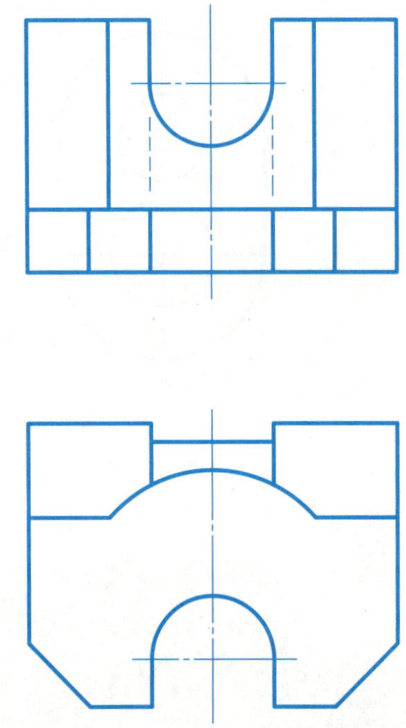

（22）

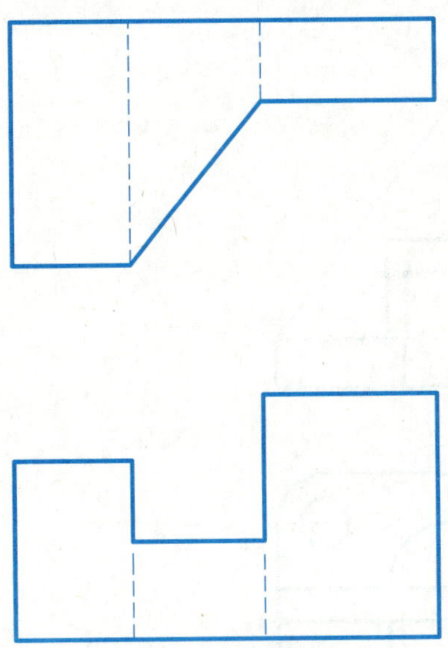

（23）

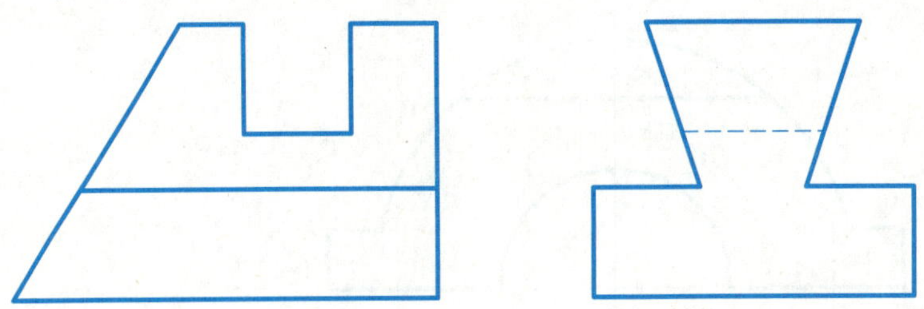

（24）

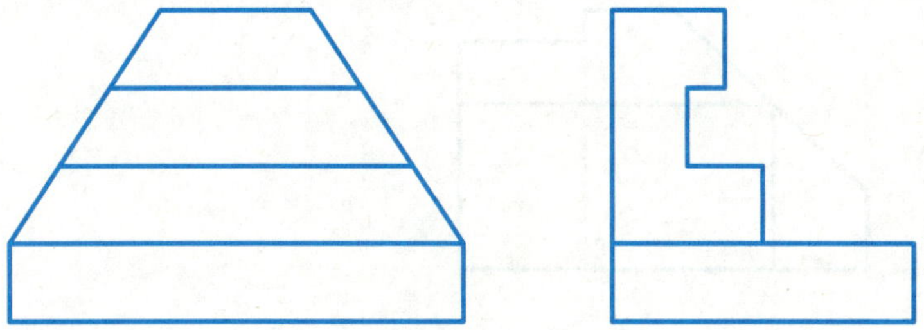

班级________ 学号________ 姓名________

4-4　根据两视图，补画第三视图（续）。

（25）

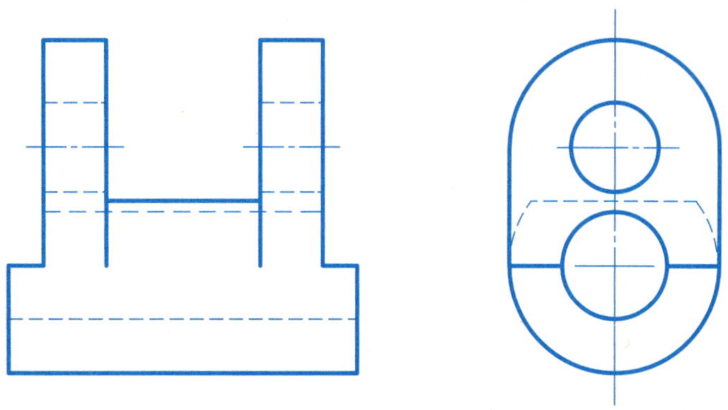

（26）

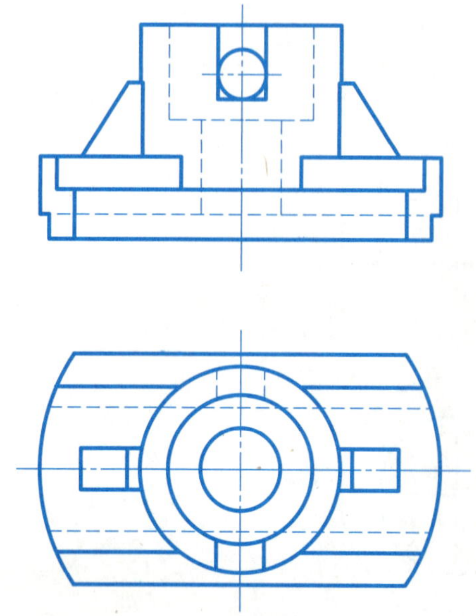

（27）

（28）

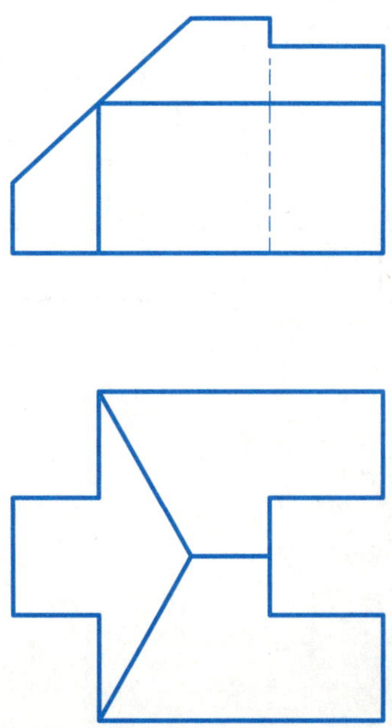

（29）

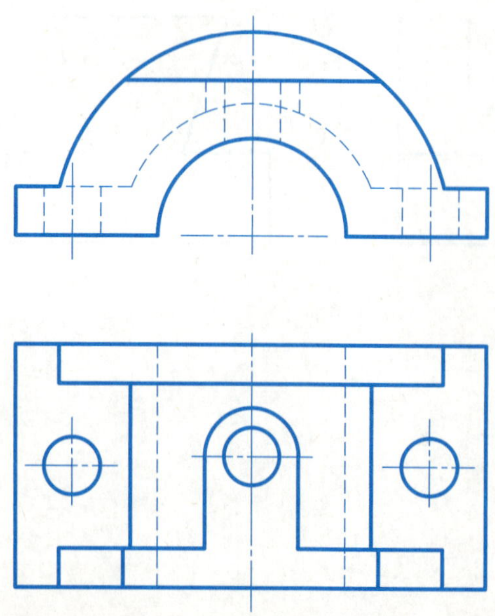

（30）

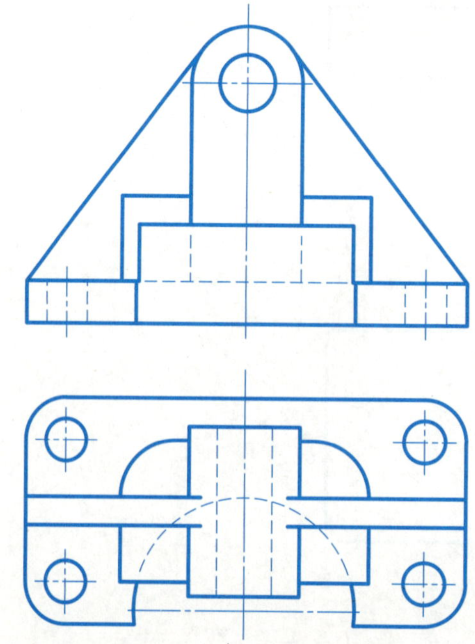

班级________ 学号________ 姓名________

4-4 根据两视图，补画第三视图（续）。

(31)

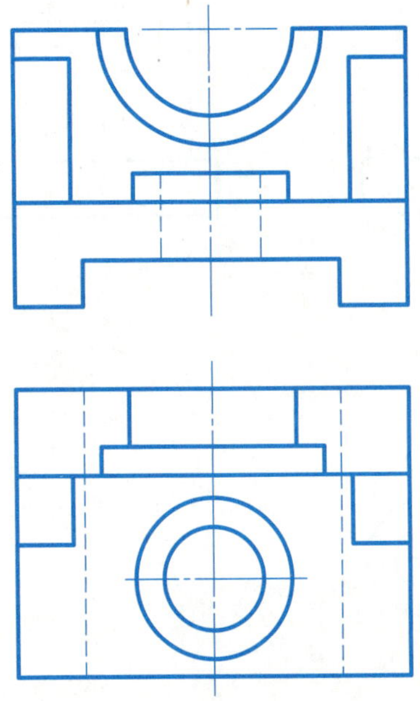

(32)

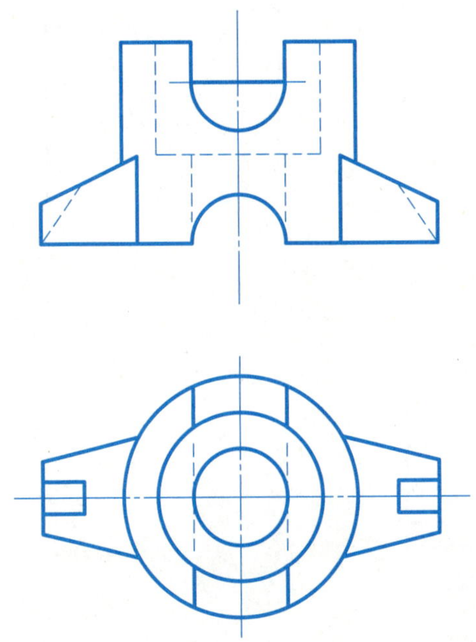

(33)

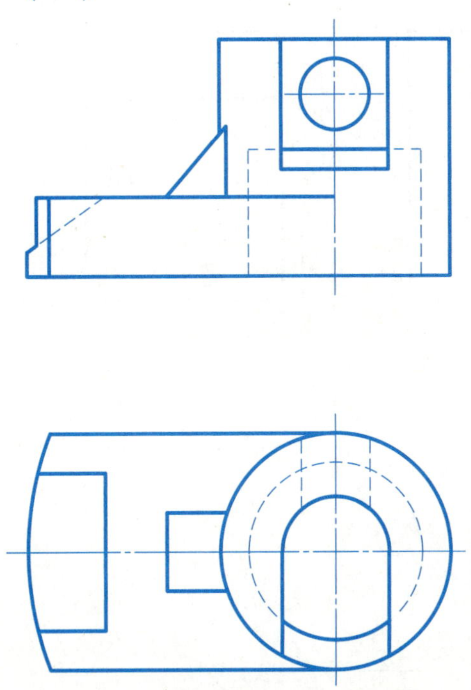

(34)

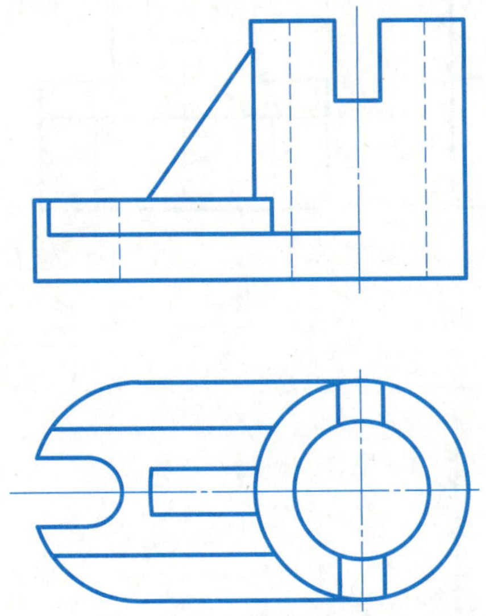

(35)

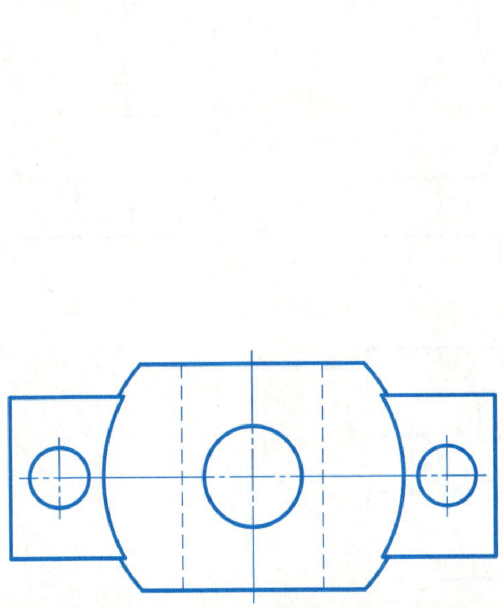

(36)

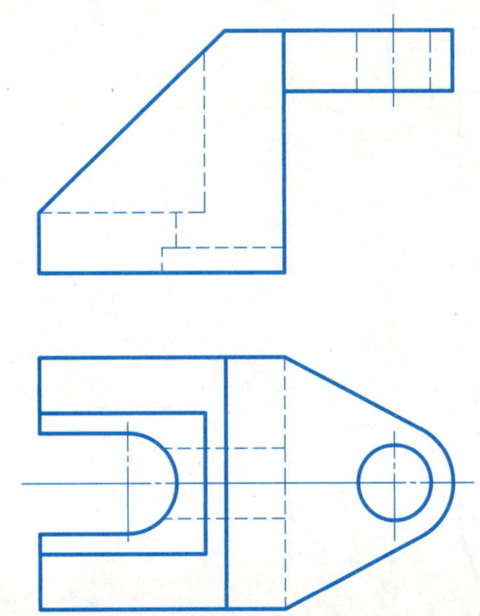

班级________ 学号________ 姓名________

4-5　根据视图，采用 1 : 1 的比例标注尺寸，尺寸数值取整数。

(1)

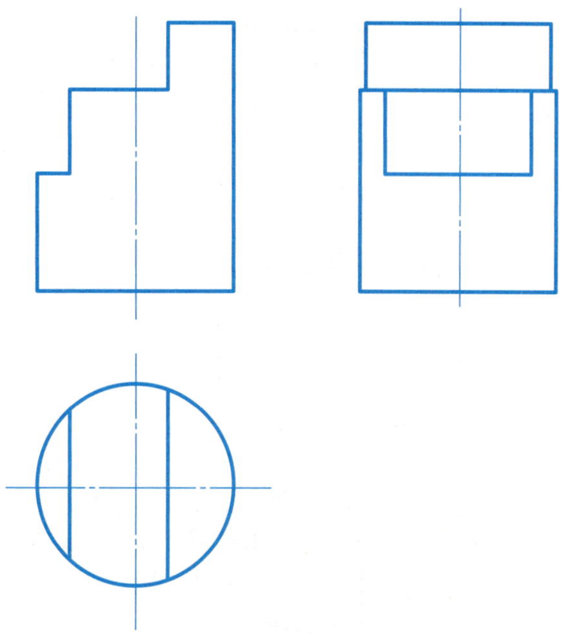

(2)

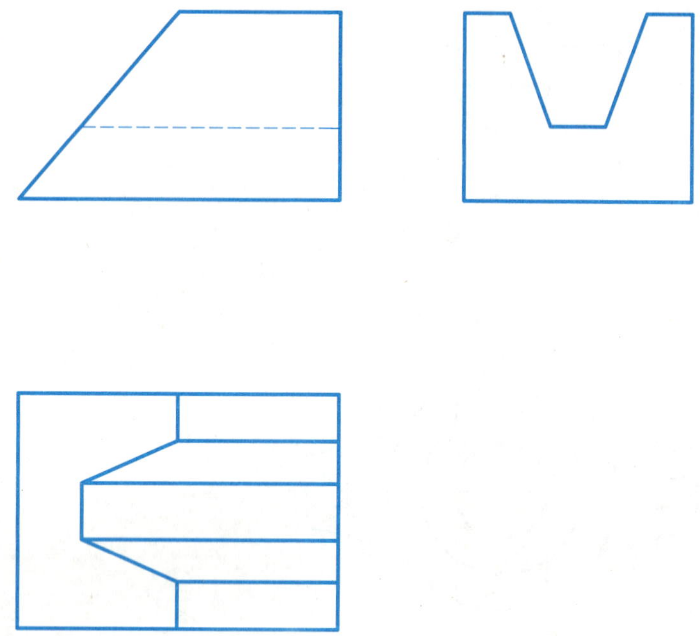

(3)

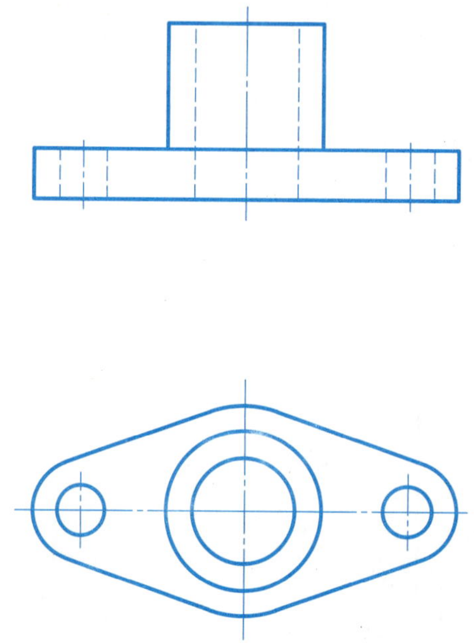

(4)

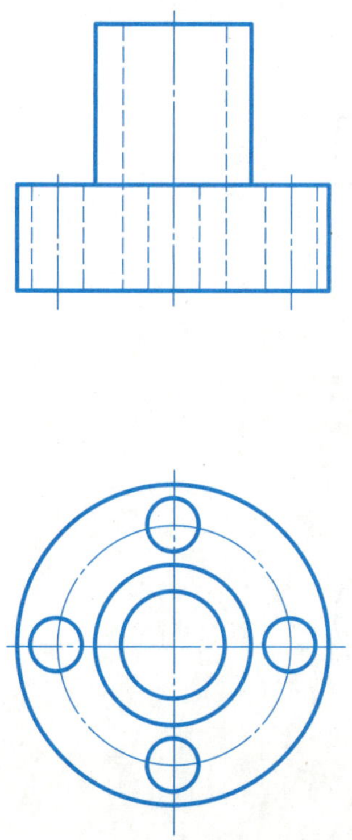

(5)

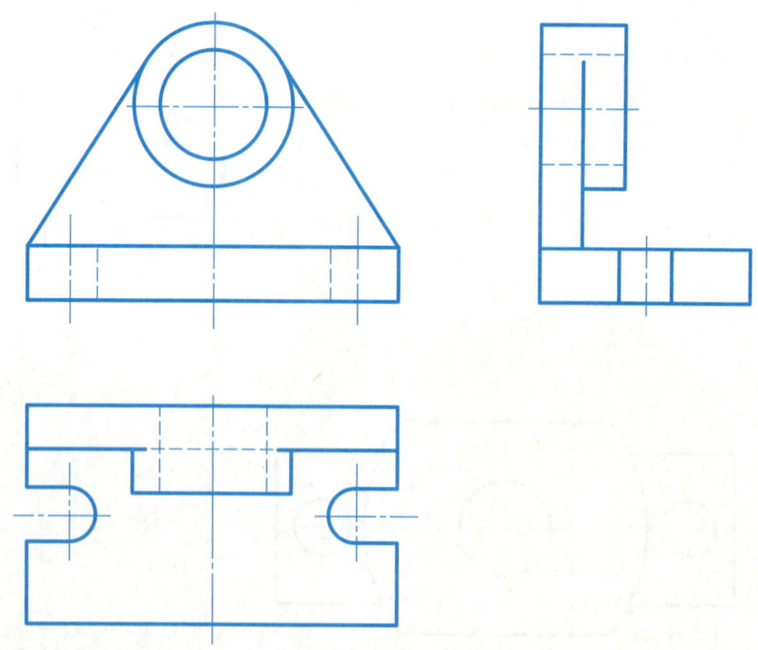

(6)

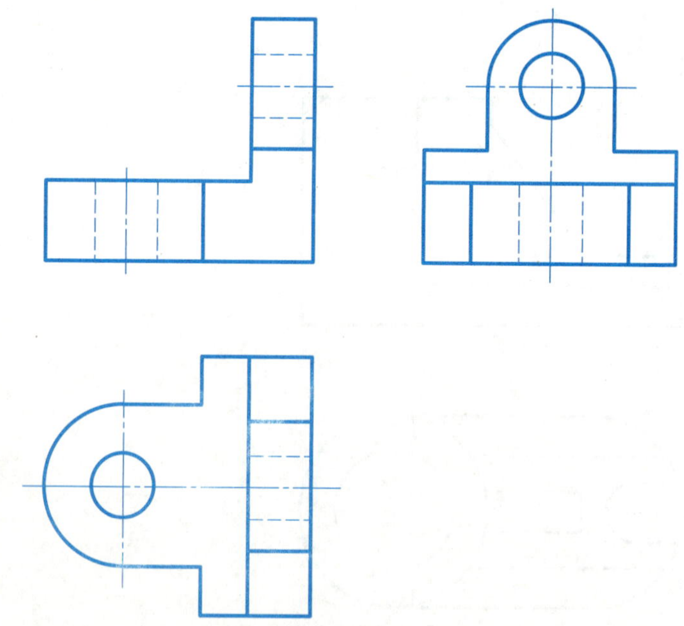

4-6　根据两视图，采用 1∶1 的比例标注尺寸，尺寸数值取整数。

(1)

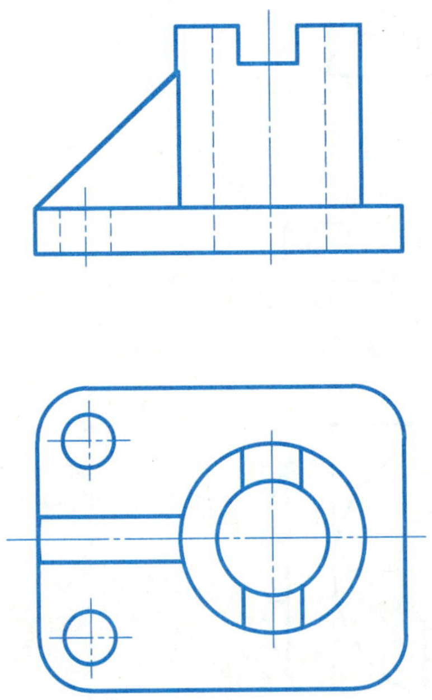

(2)

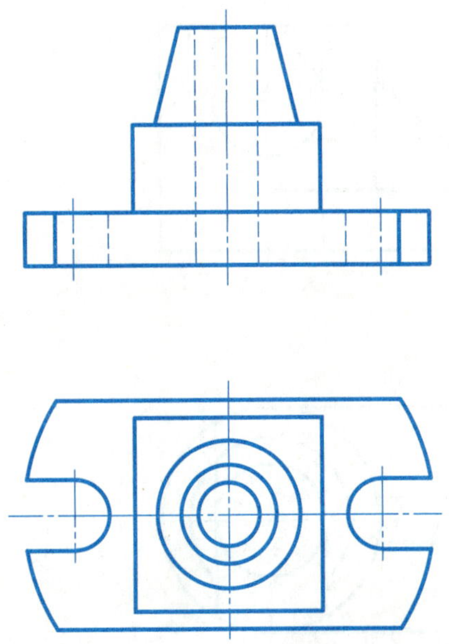

(3)

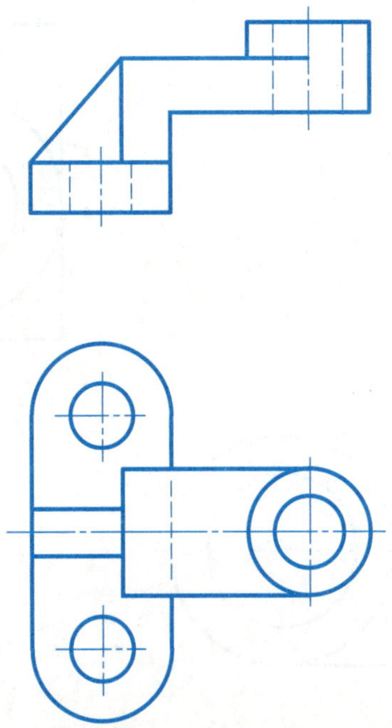

(4)

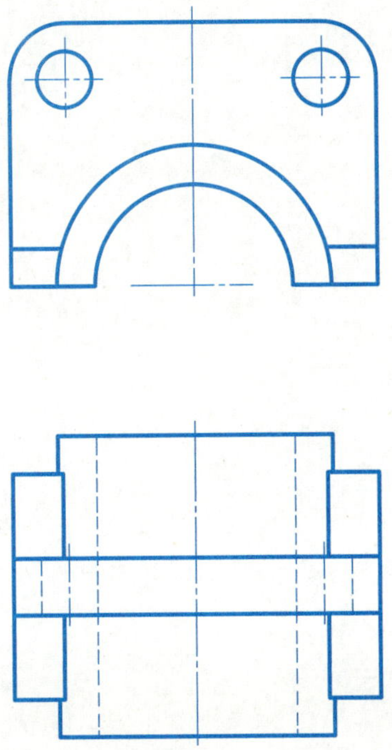

(5)

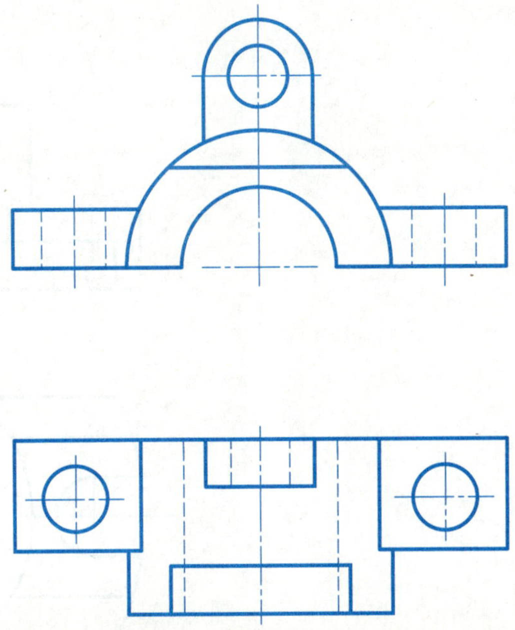

(6)

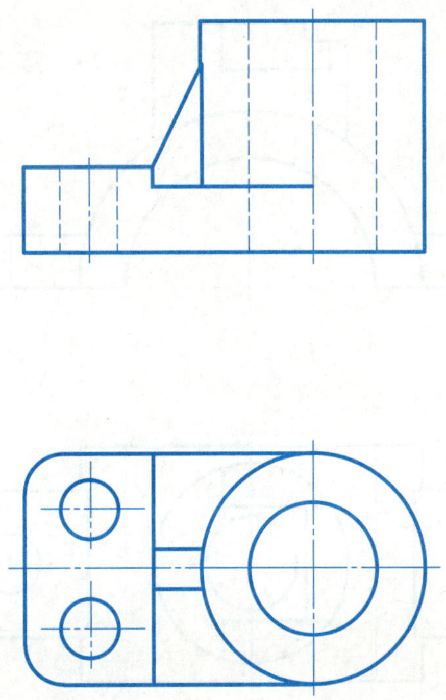

班级________ 学号________ 姓名________

4-7　根据两视图，补画第三视图。

（1）

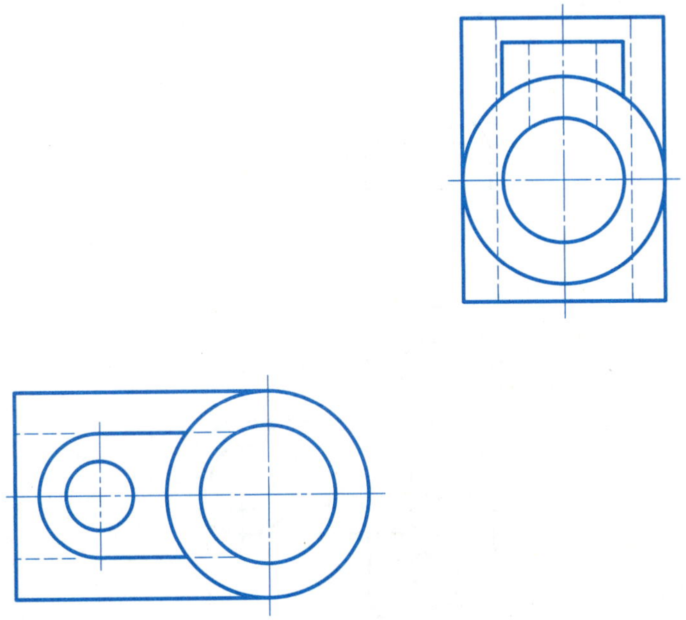

（2）

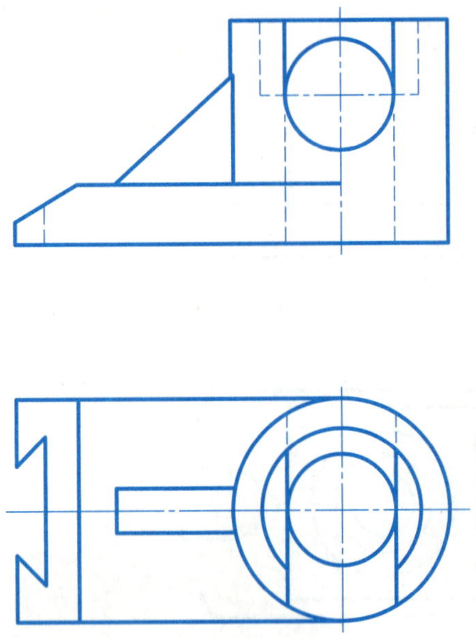

（3）

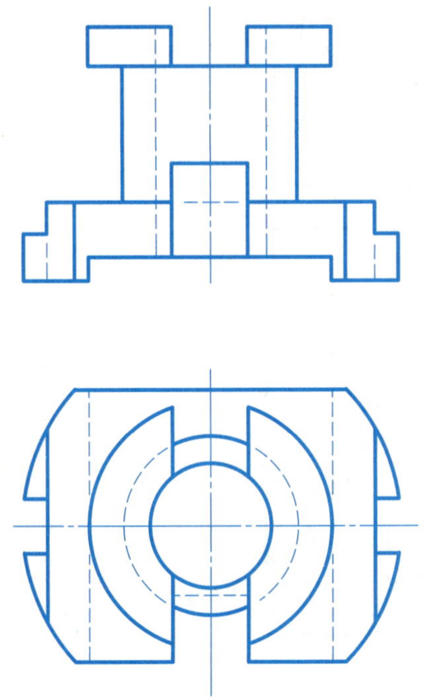

（4）

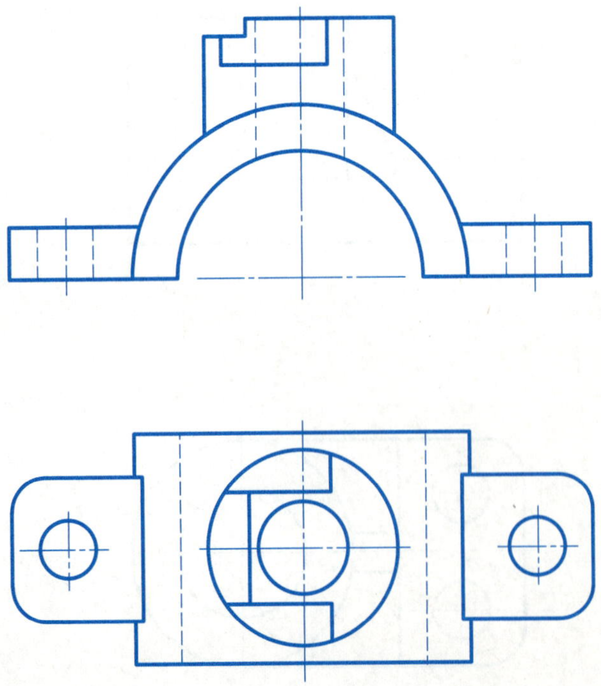

（5）

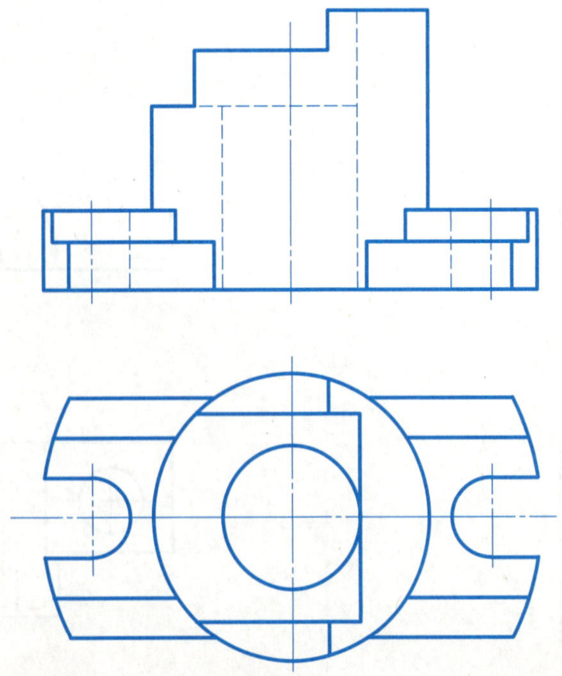

班级________ 学号________ 姓名________

4-8 画三视图综合练习。

1. 练习目的

1）掌握组合体三视图画图方法和步骤。

2）掌握三视图尺寸标注方法。

2. 内容

根据给出的立体轴测图，按 1：1 的比例在 A3 图纸上画出组合体三视图，并标注尺寸。

3. 要求

1）确定主视图投射方向，进而确定俯视图和左视图。

2）尺寸标注要完整、正确、清晰、合理。

3）图框、标题栏完整。

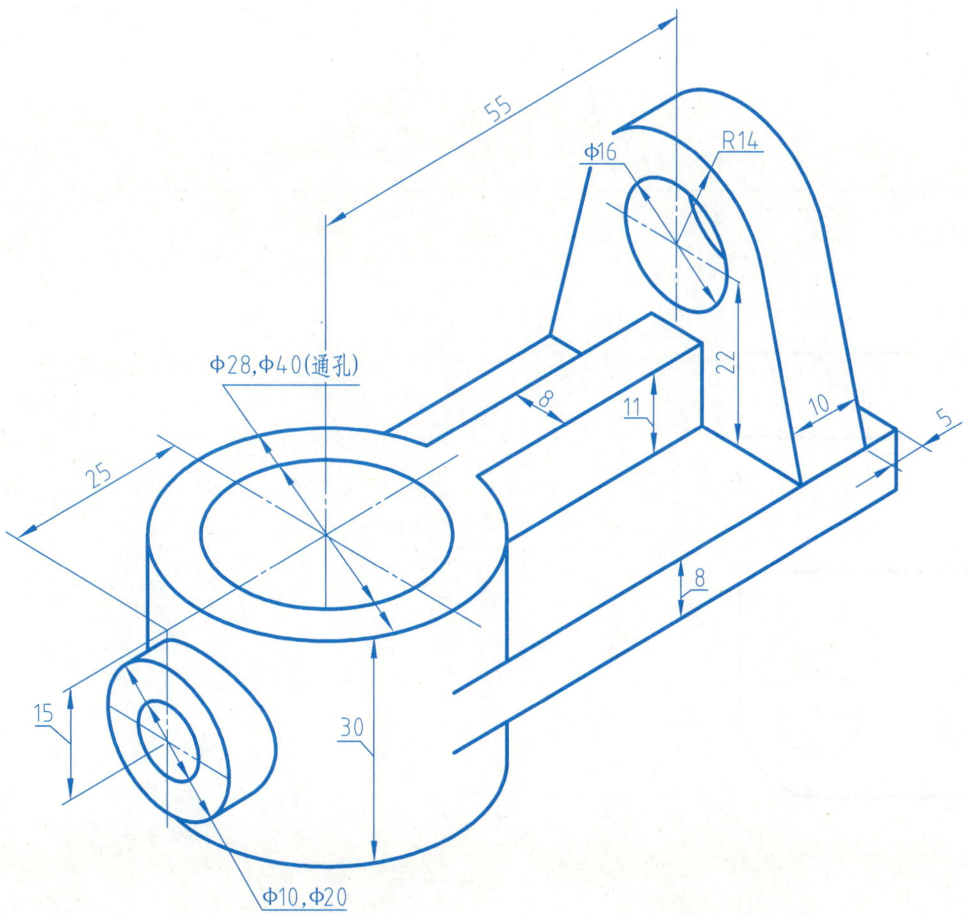

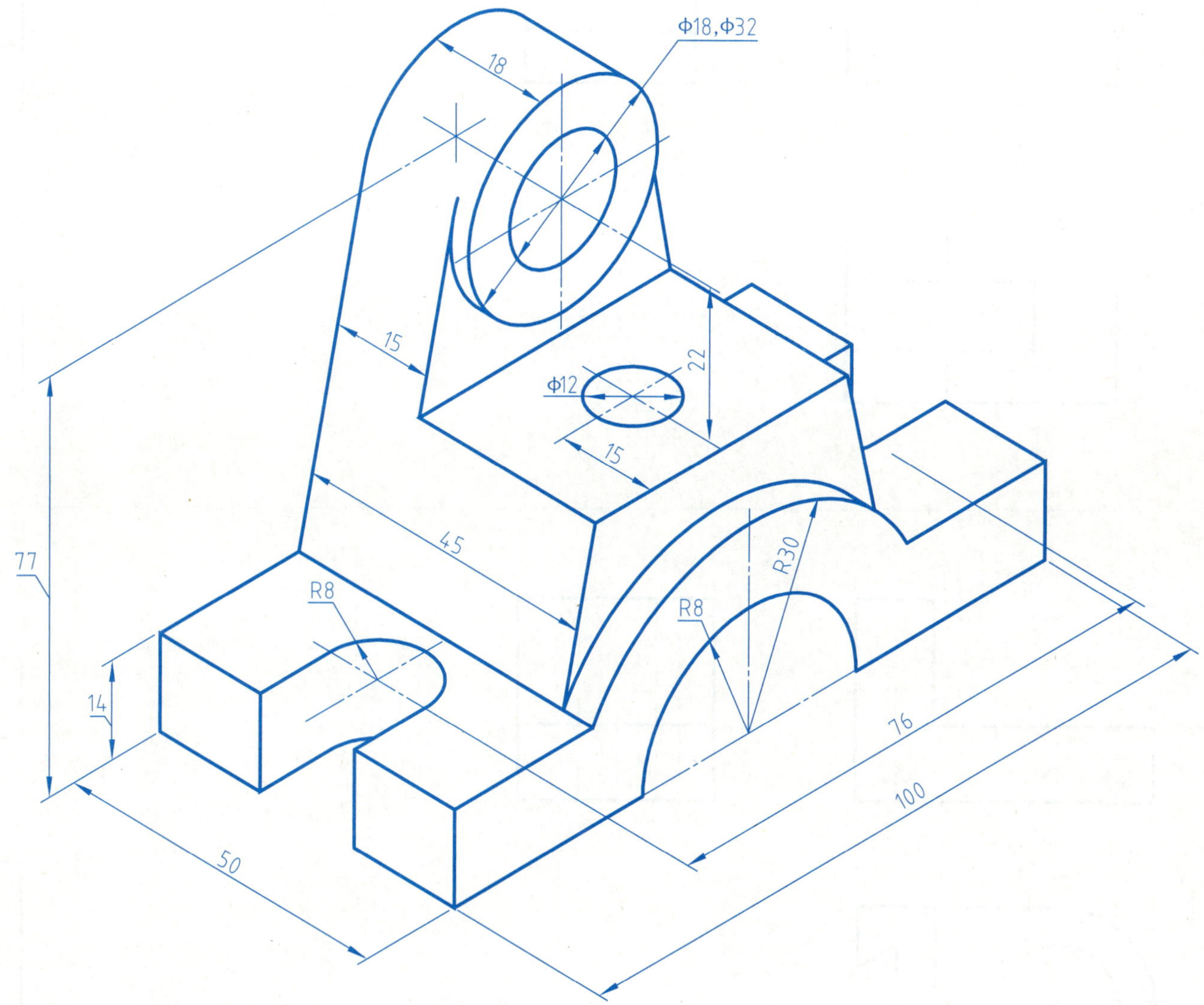

5-1　根据视图画出下列物体的正等测投影图。

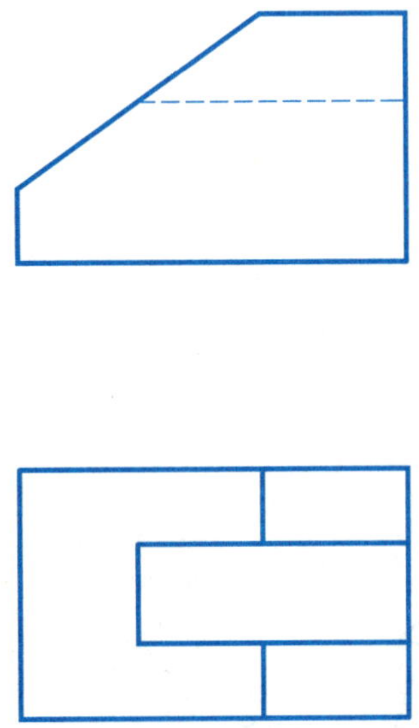

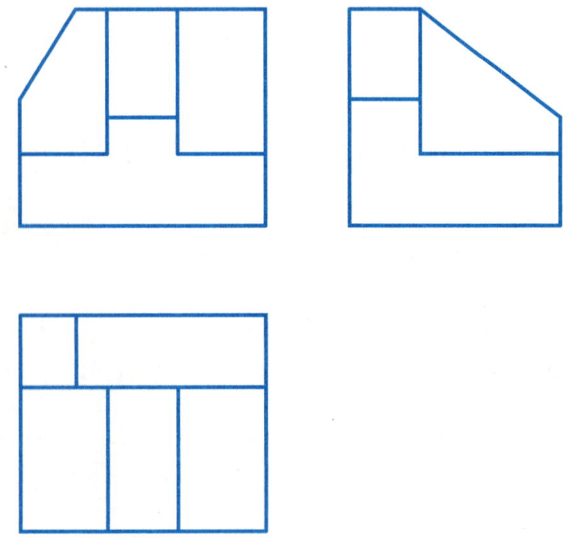

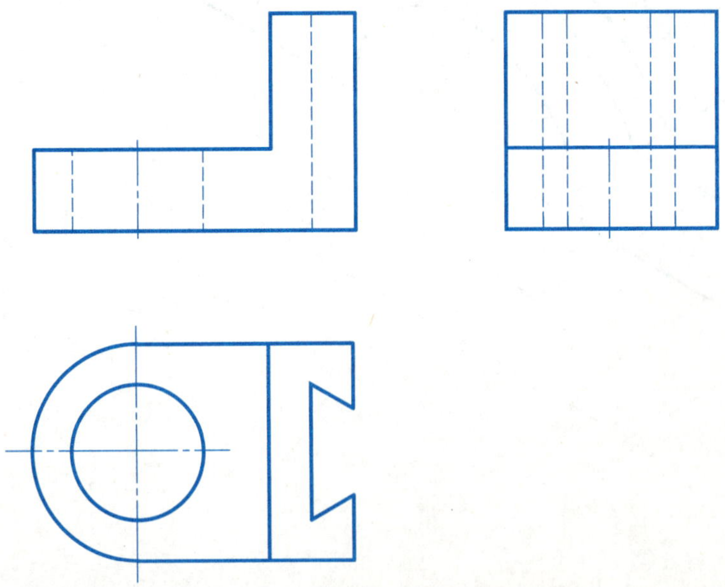

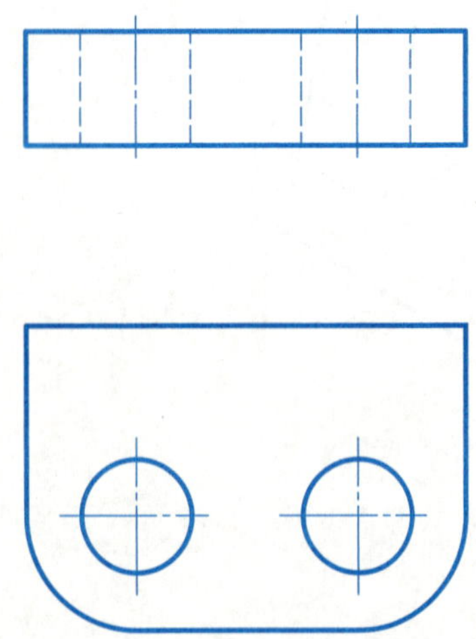

第五章　轴测图

班级________ 学号________ 姓名________

5-2　根据视图画出下列物体的斜二测投影图。

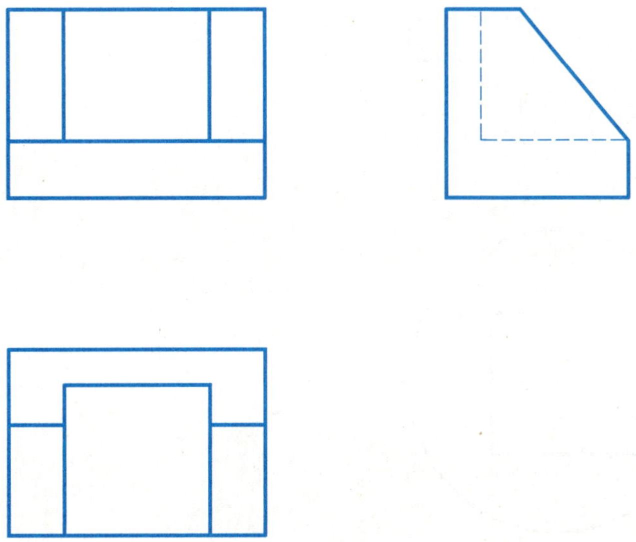

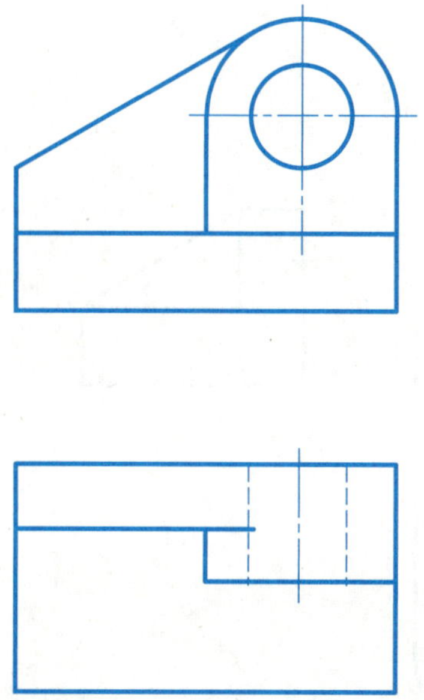

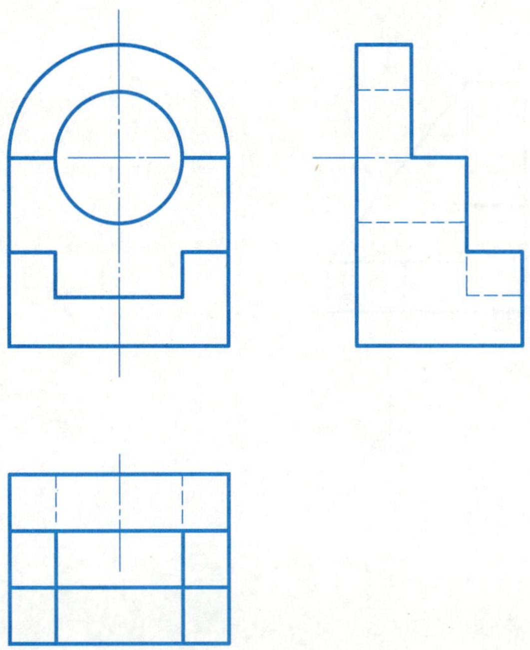

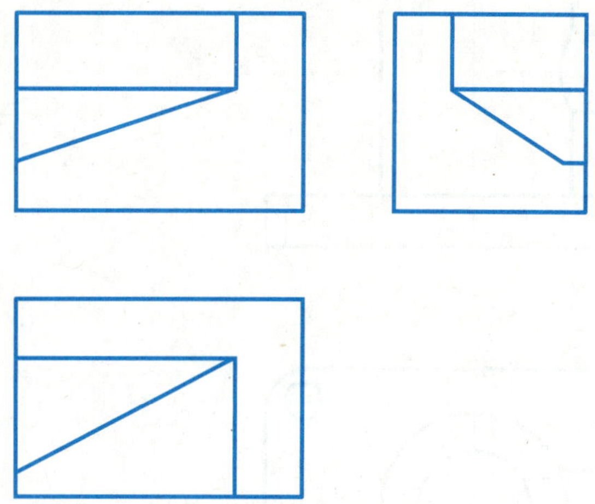

第六章　机件的表达方法

班级________学号________姓名________

6-1　画出机件的其他基本视图。

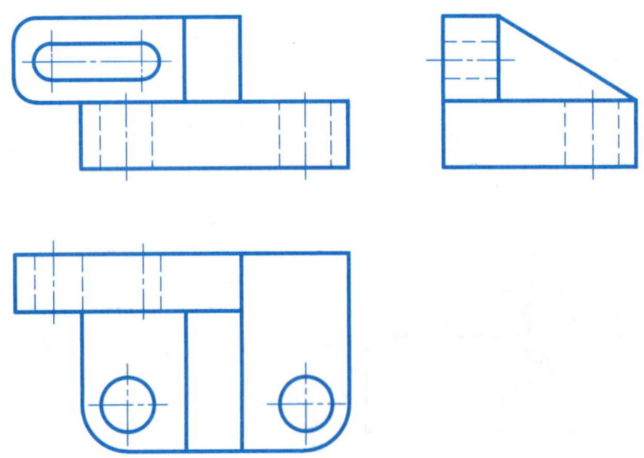

6-2　画出机件的 *A* 向斜视图。

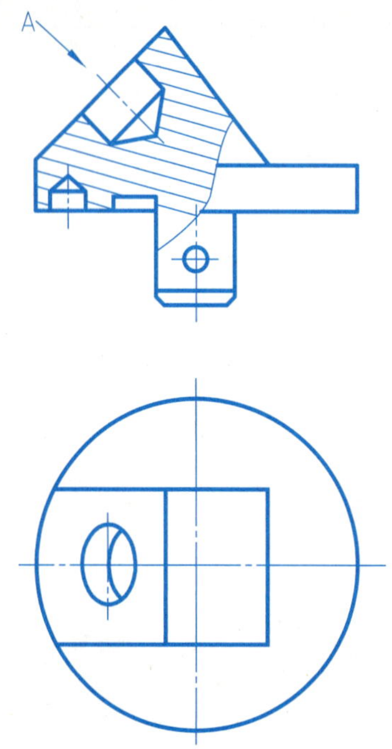

6-3　画出机件 *A* 向和 *B* 向局部视图。

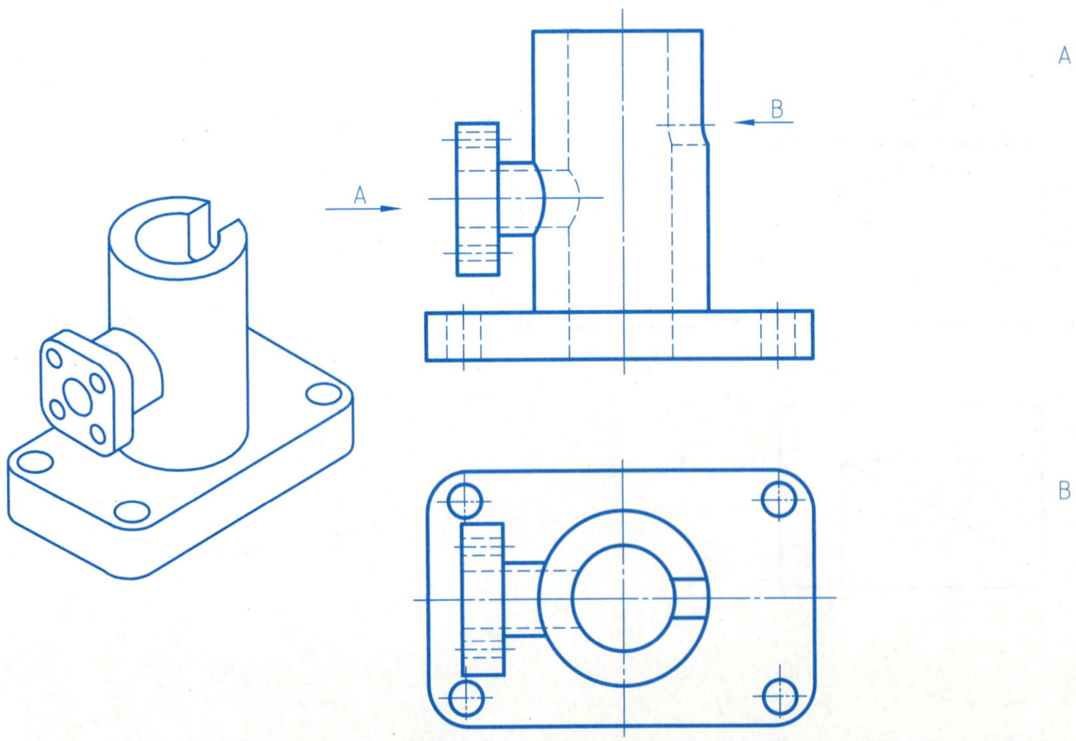

6-4　画出机件的 *A* 向和 *B* 向视图。

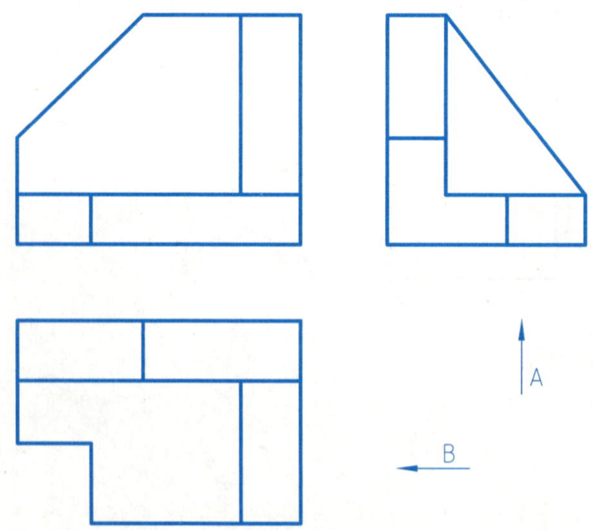

6-5 画出全剖的主视图，缺少的尺寸在立体图上量取。

(1)

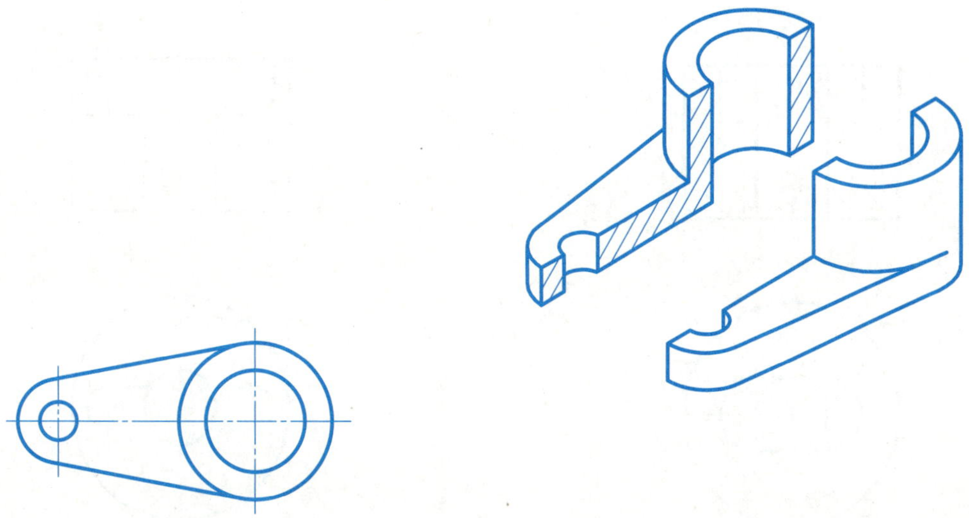

(2)

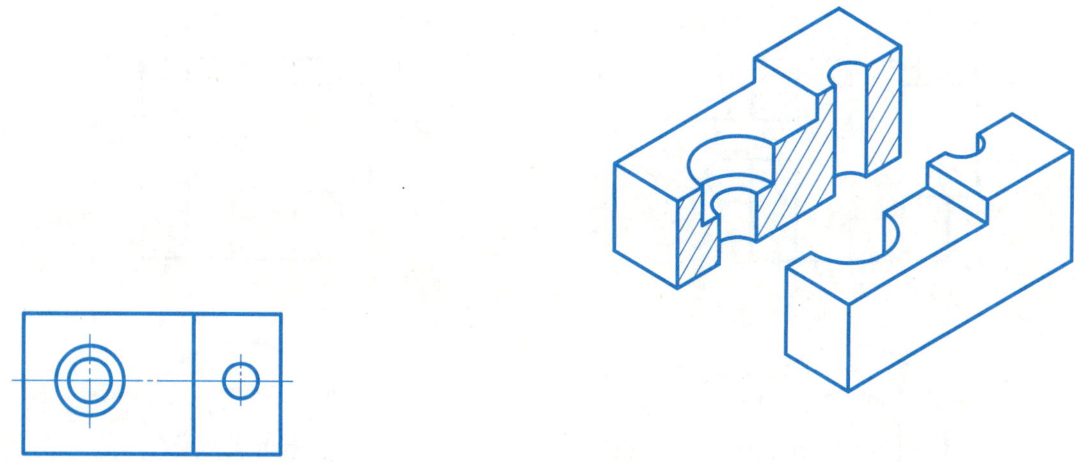

(3)

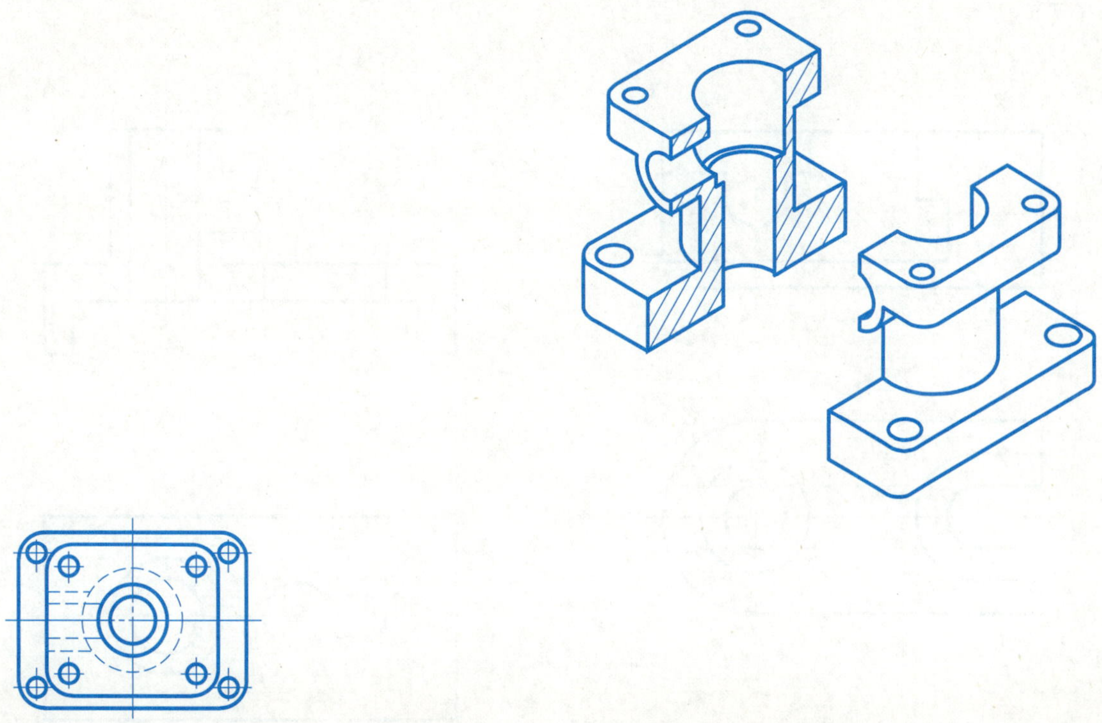

(4)

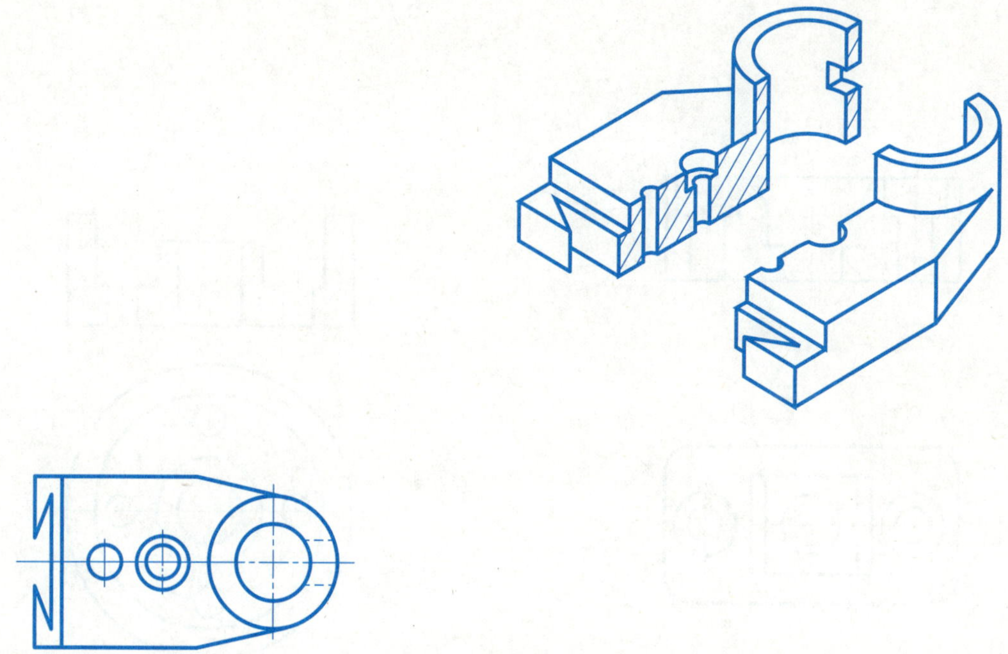

6-6　补全剖视图中缺少的图线。

（1）

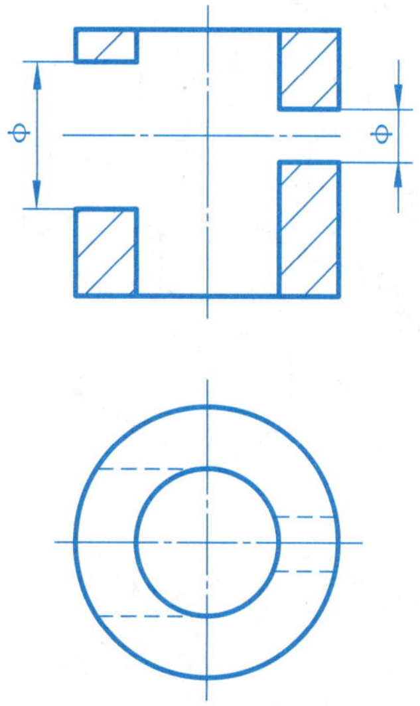

（2）

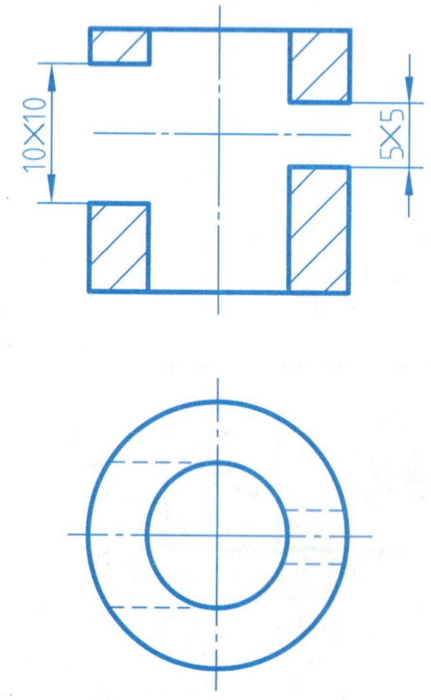

（3）

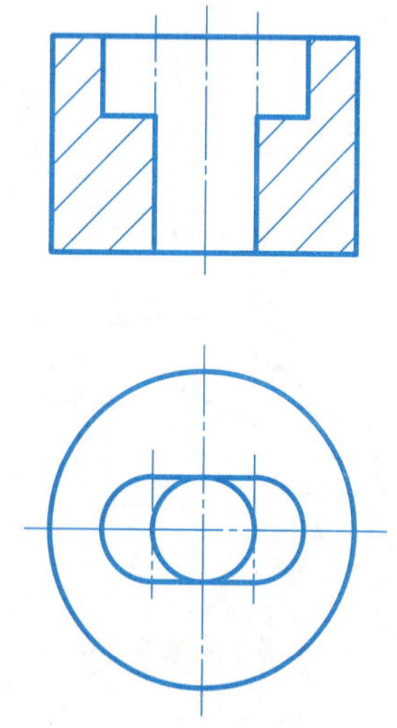

（4）

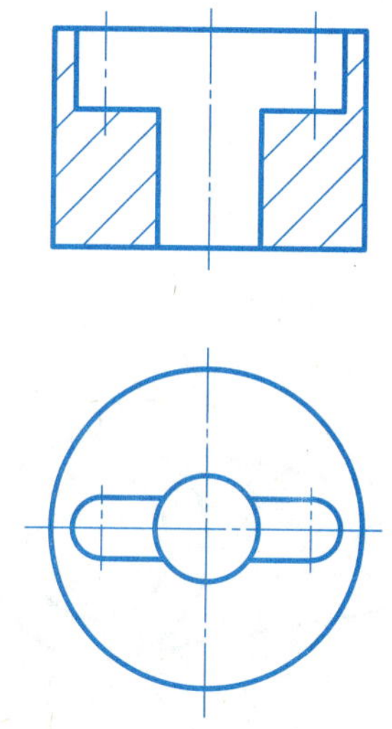

（5）

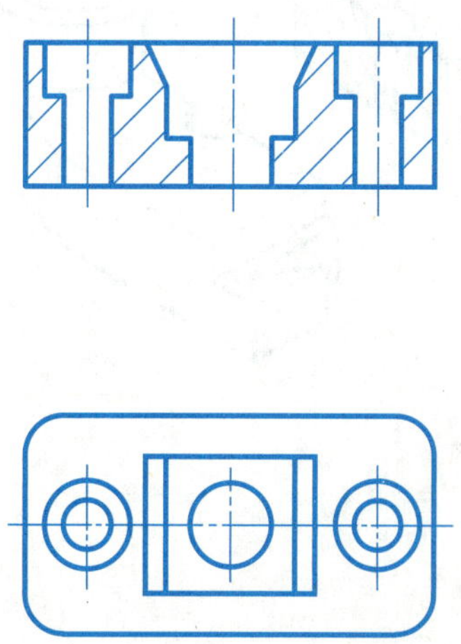

（6）

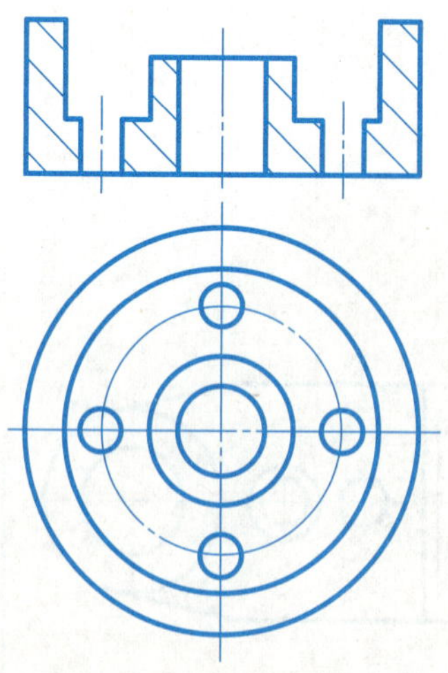

（7）

（8）

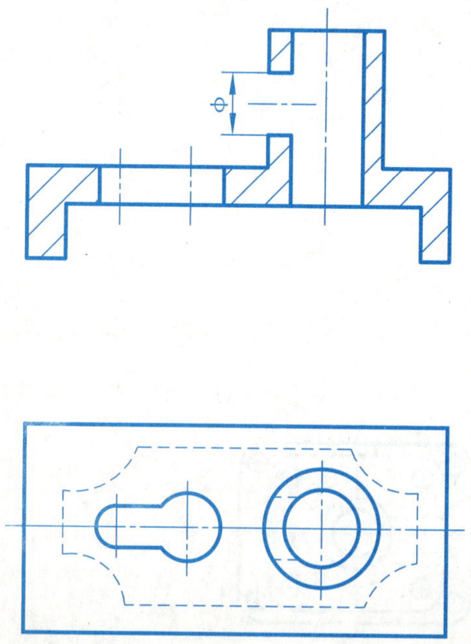

6-7　将主视图画成全剖视图。

（1）

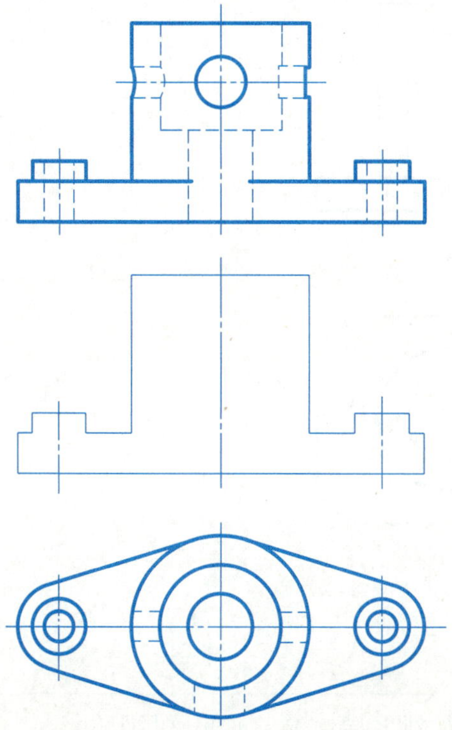

（2）

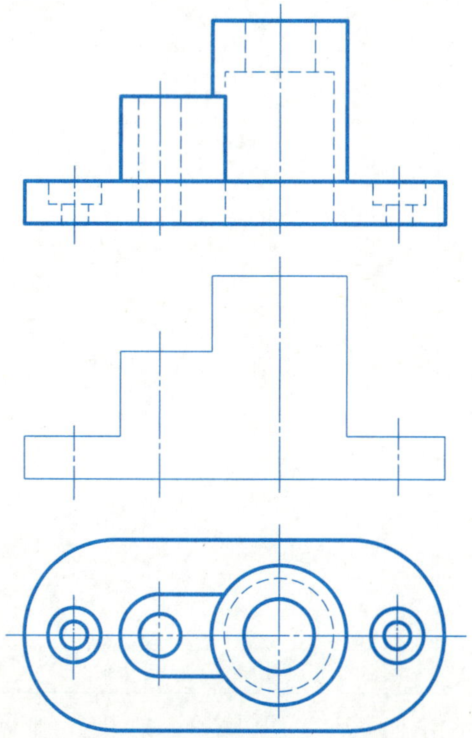

（3）

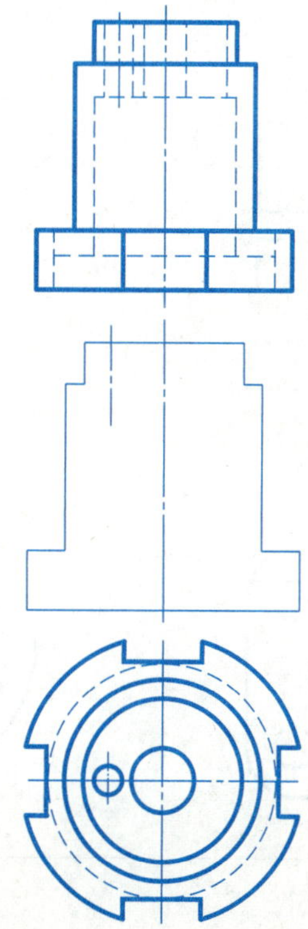

6-8　补画第三视图，并将其画成全剖视图。

（1）

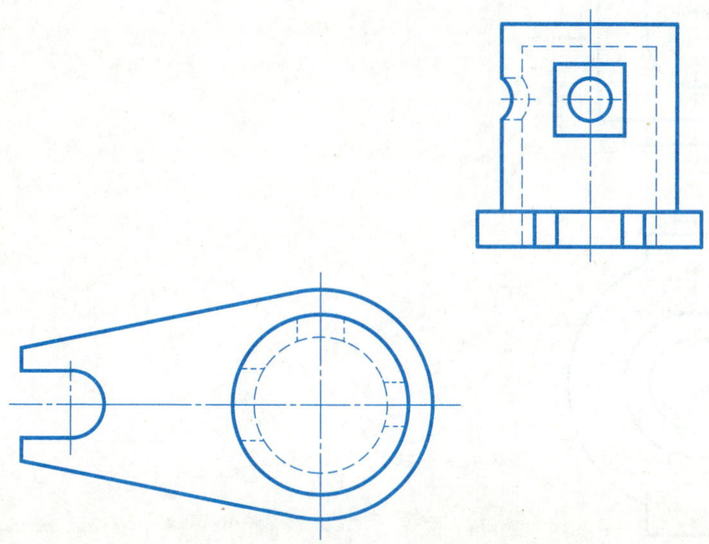

（2）

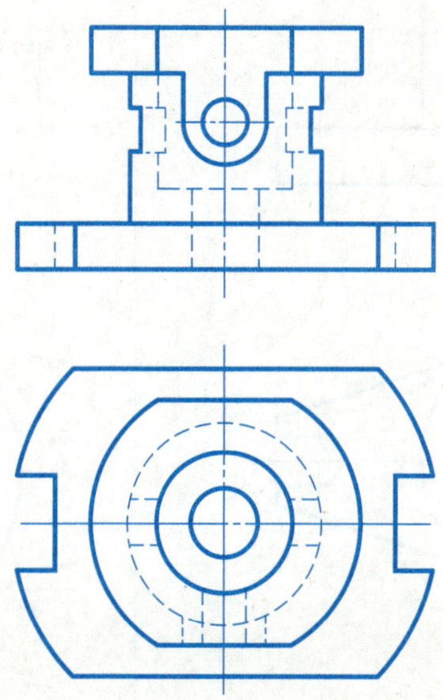

（3）

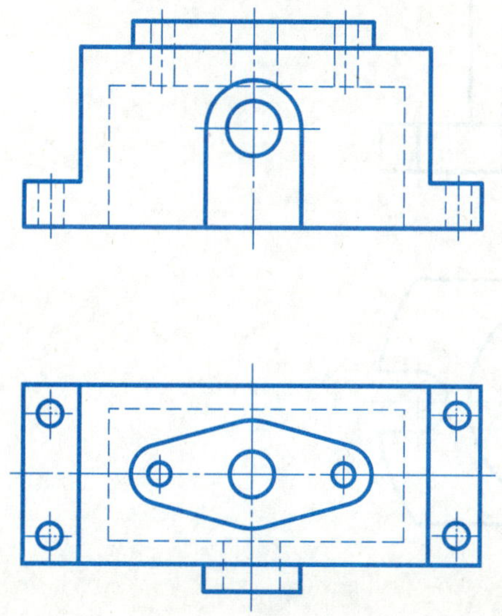

班级________学号________姓名________

6-9　画出 *C—C* 全剖视图。

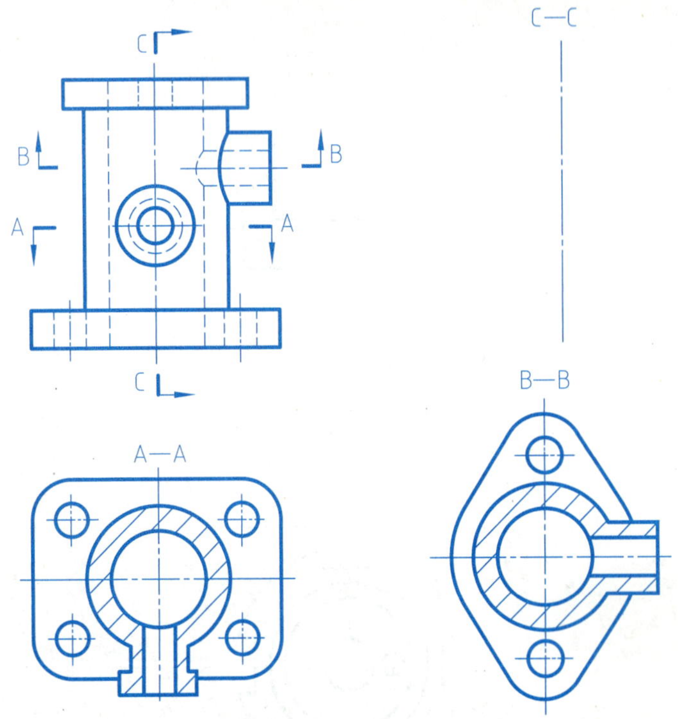

6-10　画出 *A—A*、*B—B* 半剖视图。

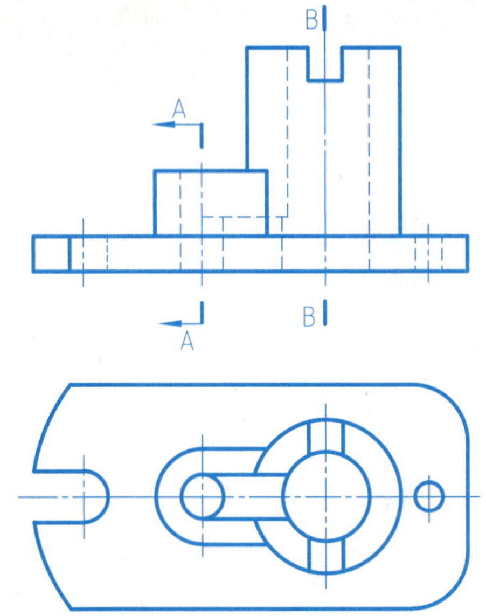

6-11　画出半剖的左视图。

（1）

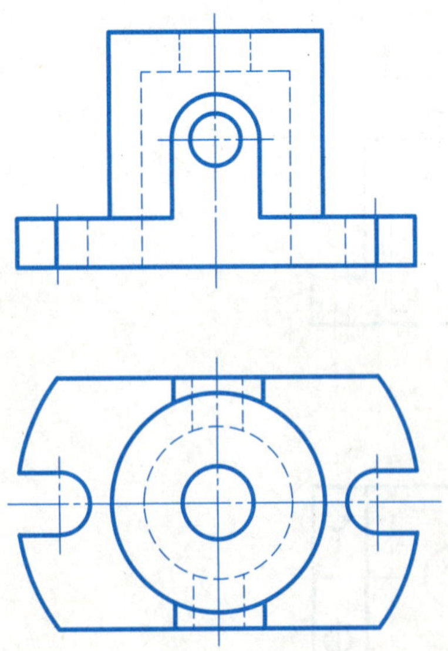

（2）

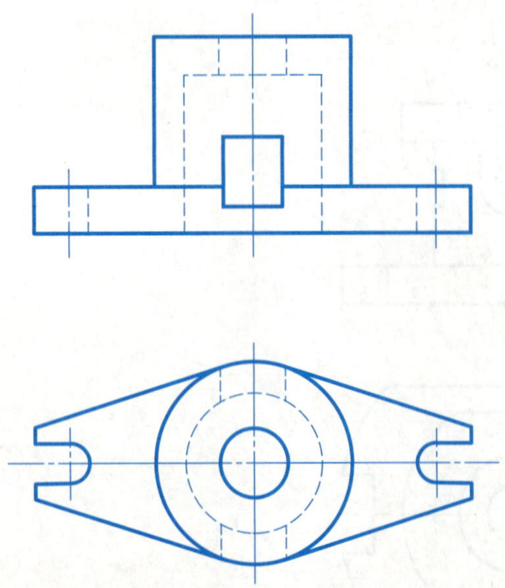

6-12　画出半剖的左视图和 *A—A* 半剖视图。

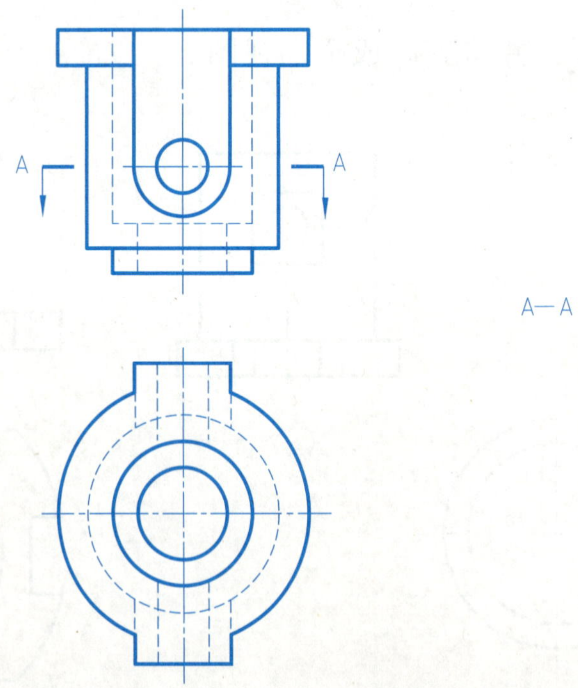

班级________ 学号________ 姓名________

6-13 补画漏线。

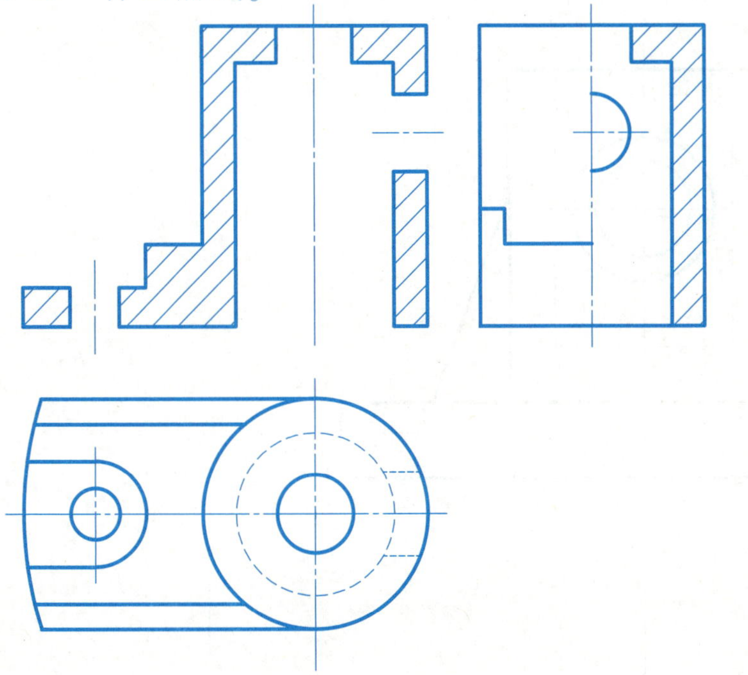

6-14 采用适当的剖视图表达方法，补画第三视图。

（1）

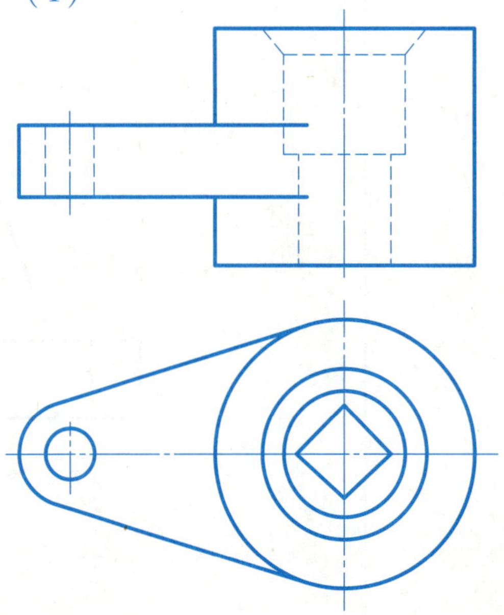

（2）

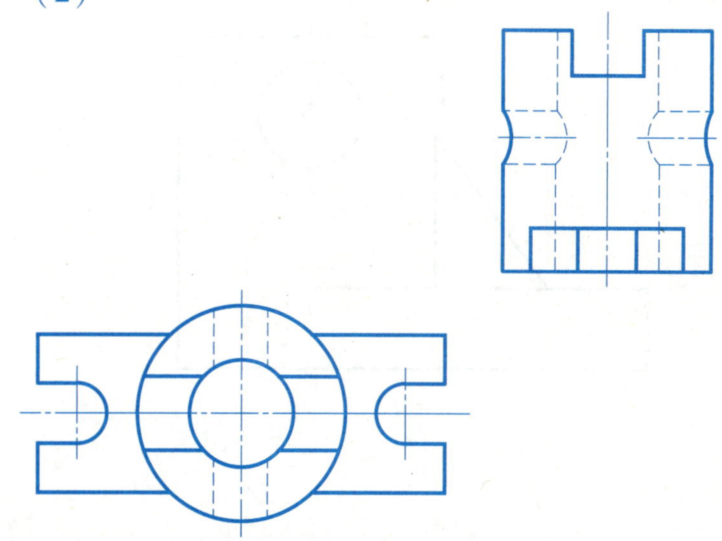

（3）

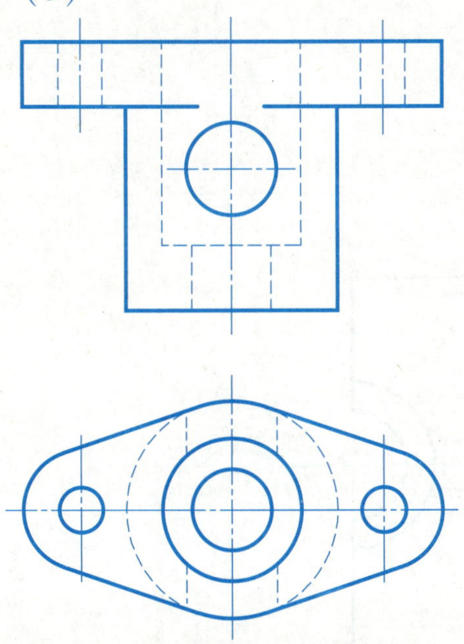

（4）

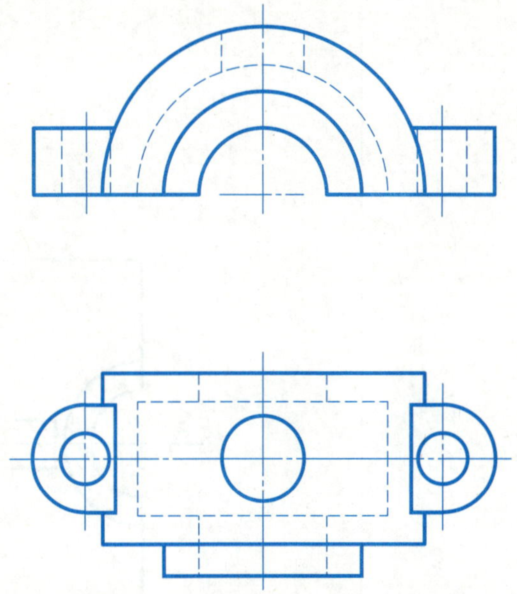

（5）

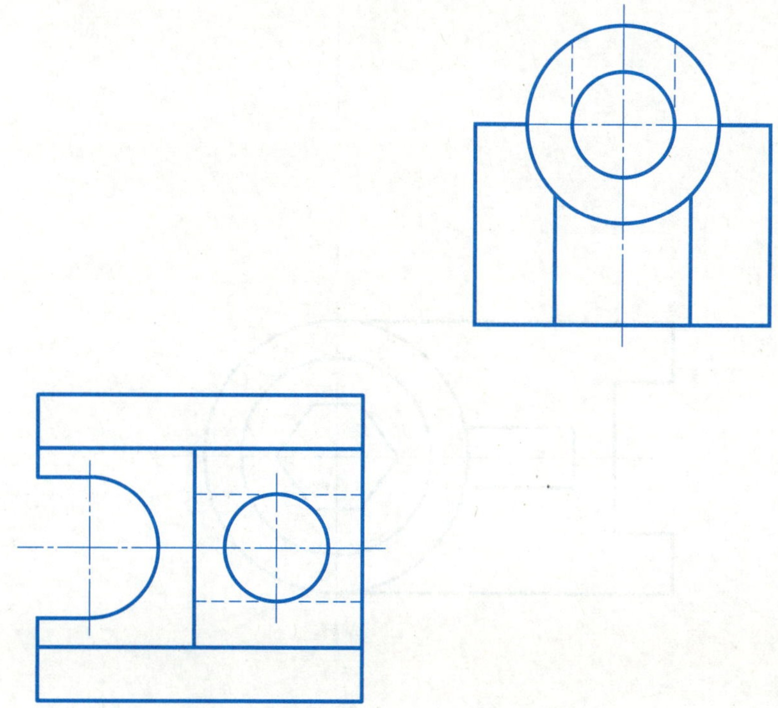

班级________ 学号________ 姓名________

6-15 在指定位置画出全剖的主视图和半剖的左视图。

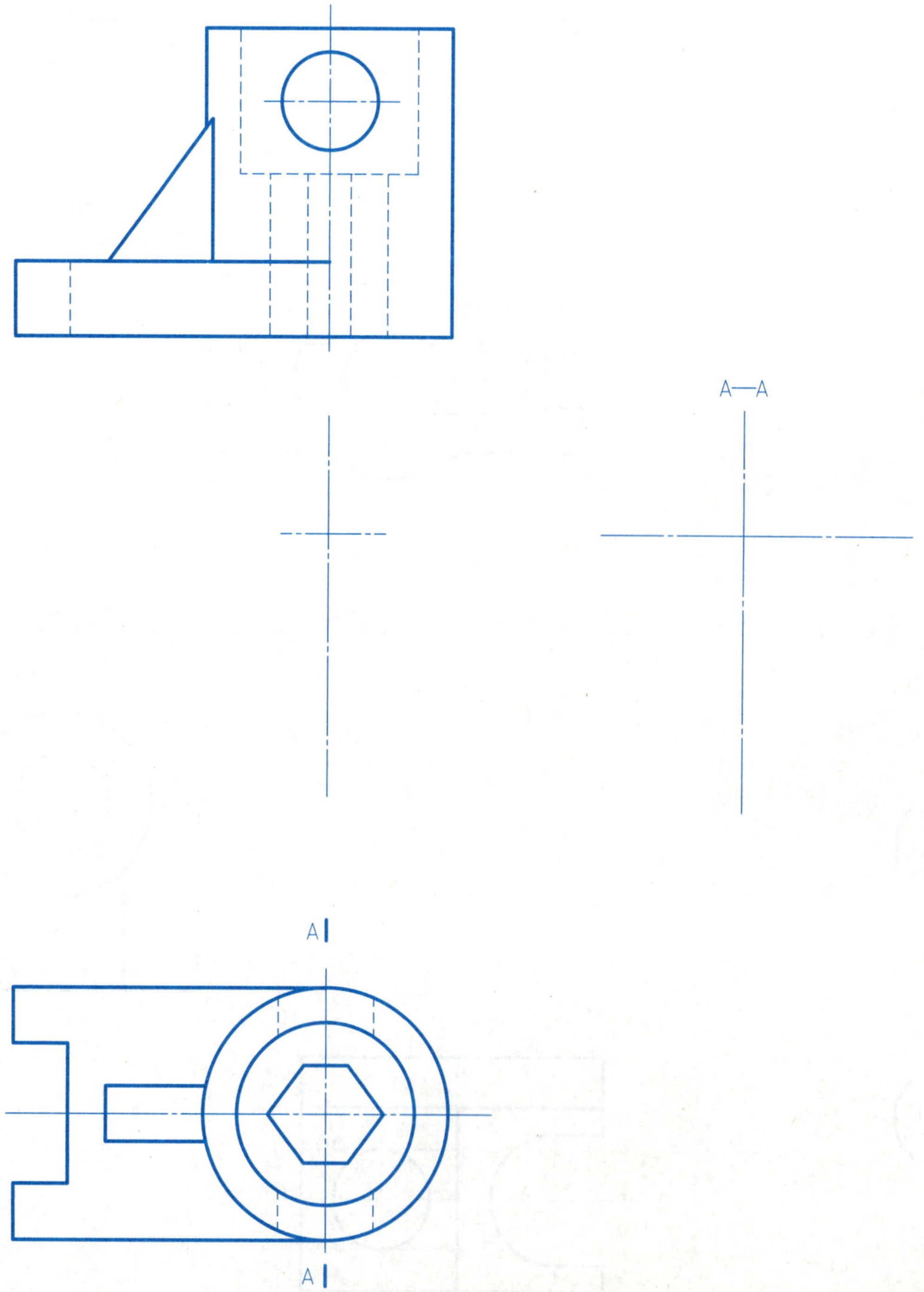

6-16 在指定位置画出半剖的主视图和全剖的左视图。

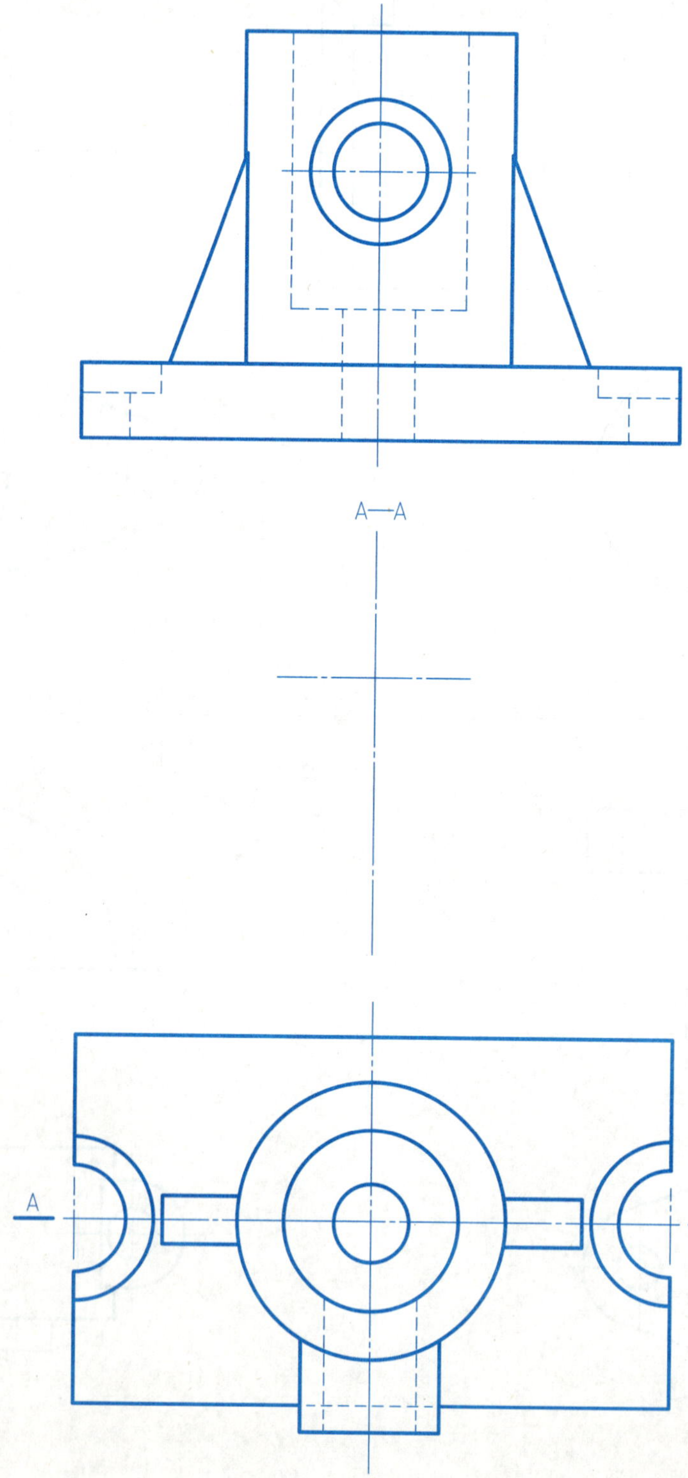

6-17　在指定位置画出半剖的主视图和全剖的左视图。

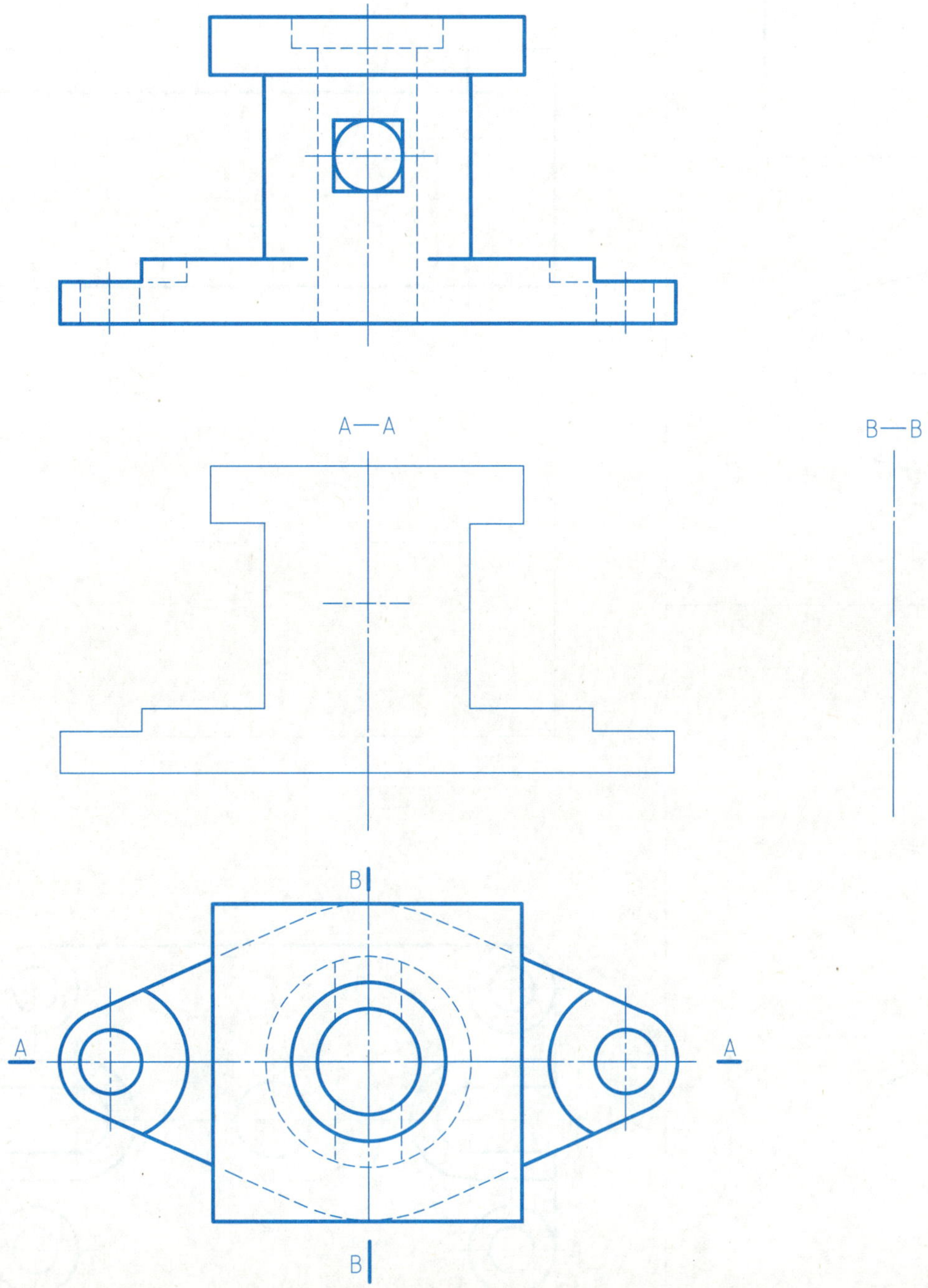

6-18　在指定位置画出半剖的主视图和半剖的左视图。

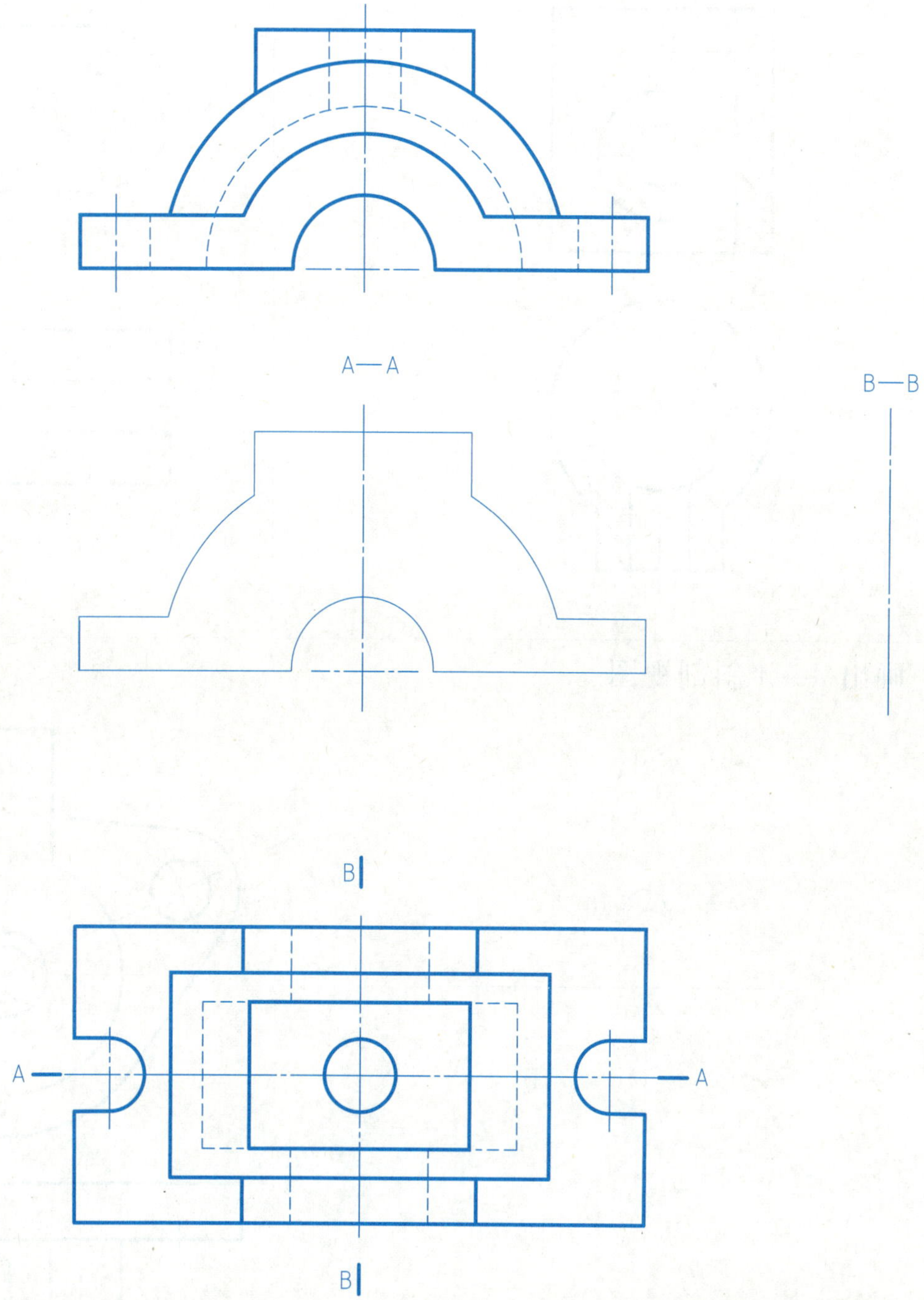

班级________ 学号________ 姓名________

6-19　改正局部剖视图中的错误，在应当删去的图线上打“×”。

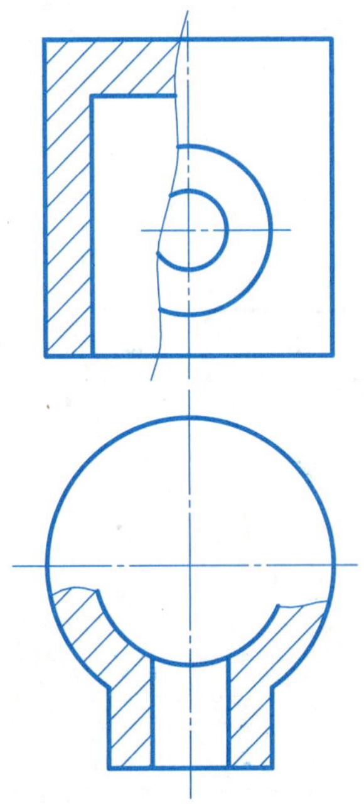

6-20　作局部剖视（在原图上改，在应当删去的图线上打“×”）。

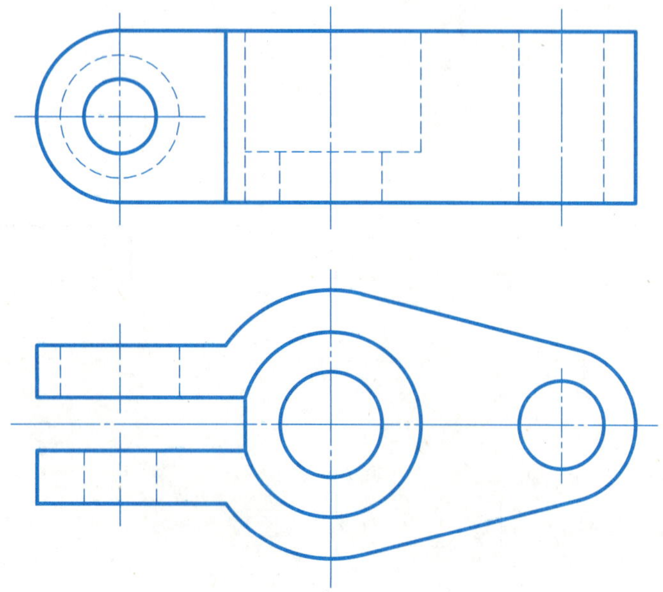

6-22　在指定位置将主视图改画成全剖视图并加标注。

(1)

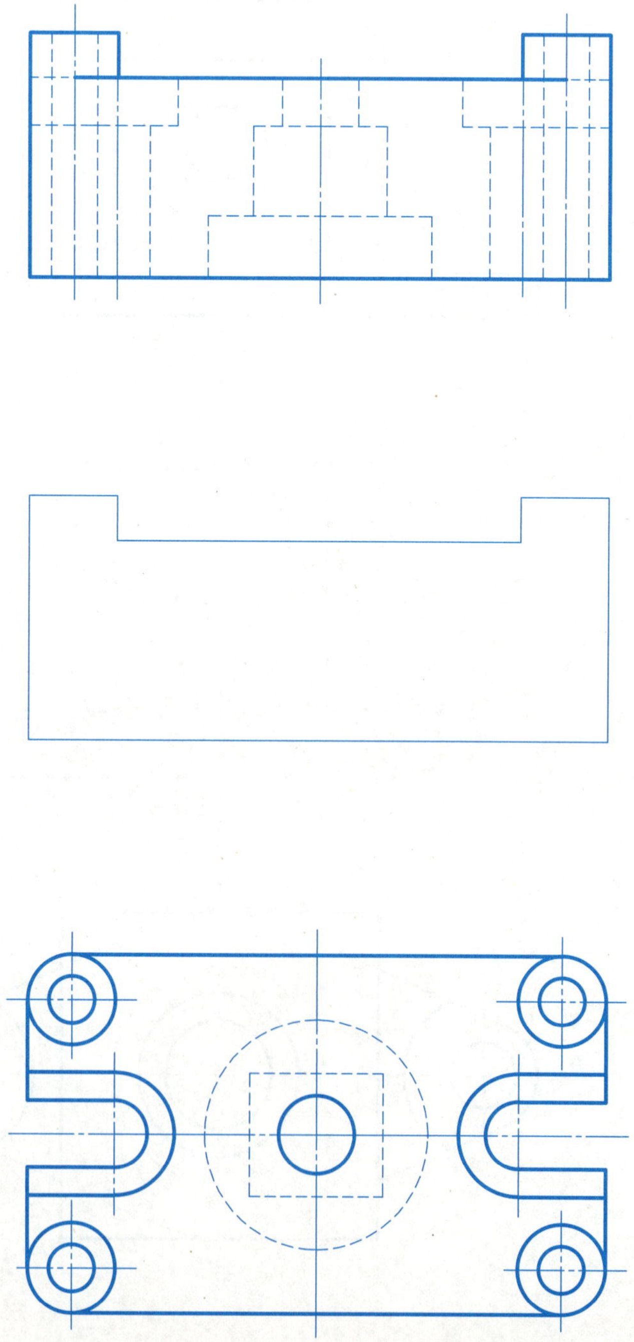

6-21　画出 *A*—*A* 斜剖视图。

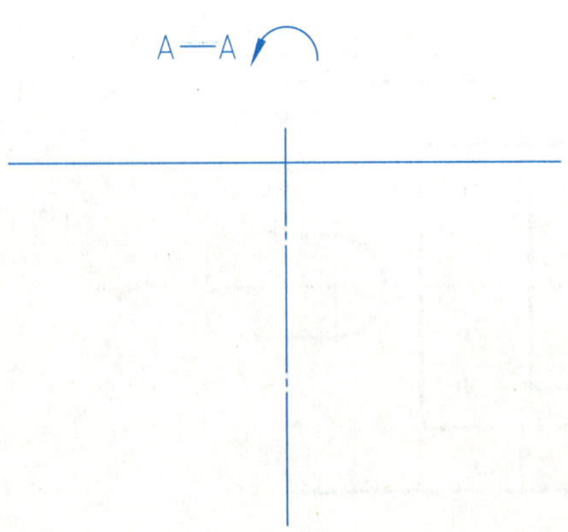

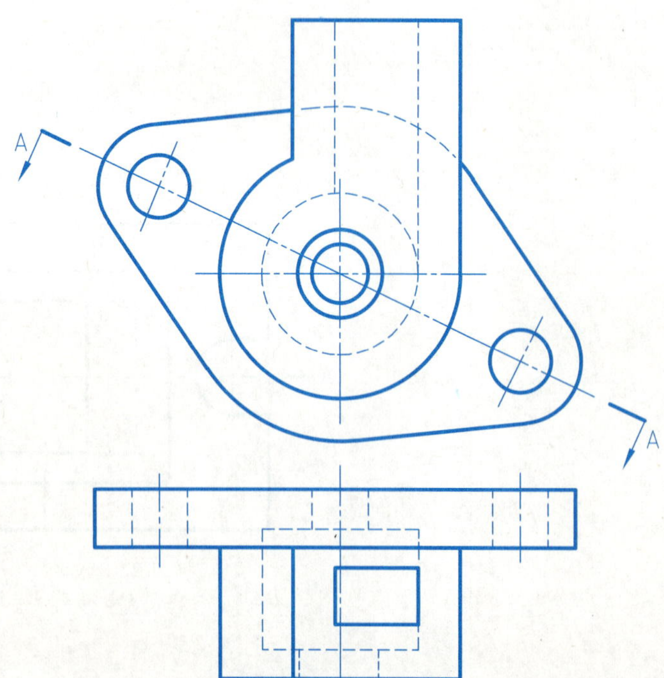

6-22　在指定位置将主视图改画成全剖视图并加标注（续）。

（2）

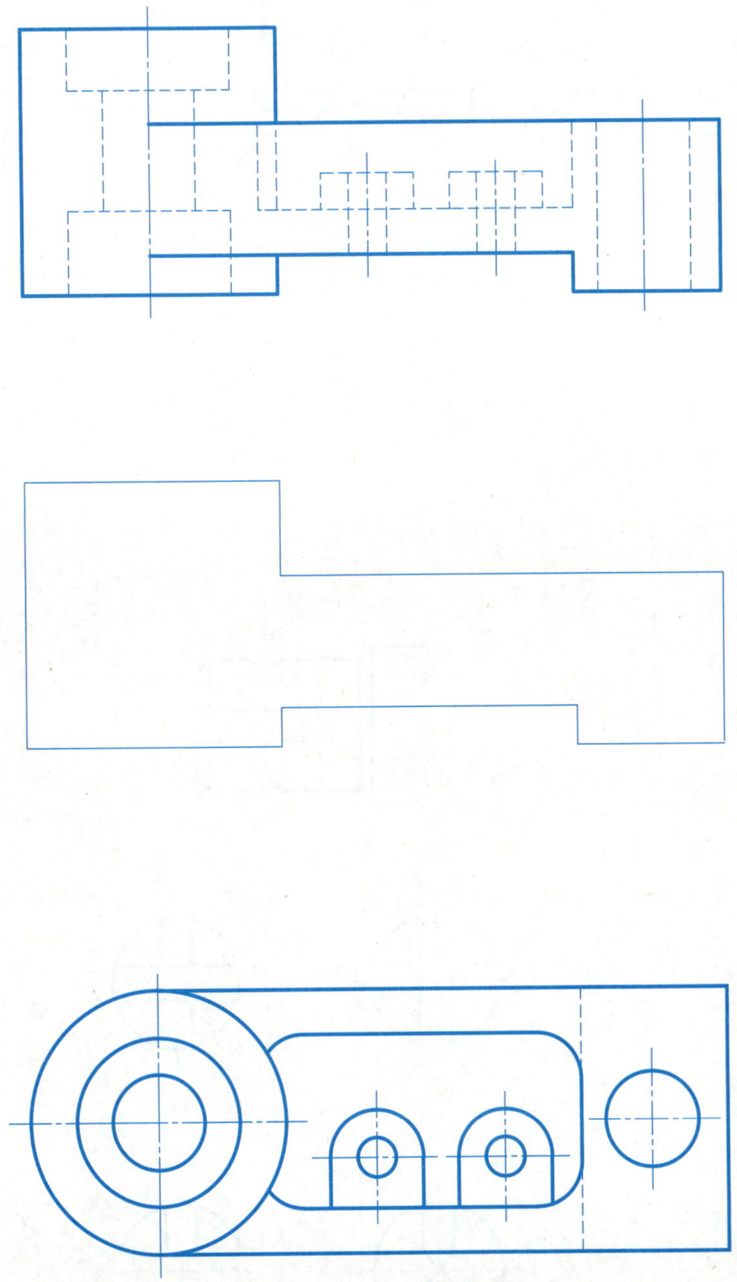

6-23　画出全剖的俯视图，并标注。

6-24　画出全剖的主视图，并标注。

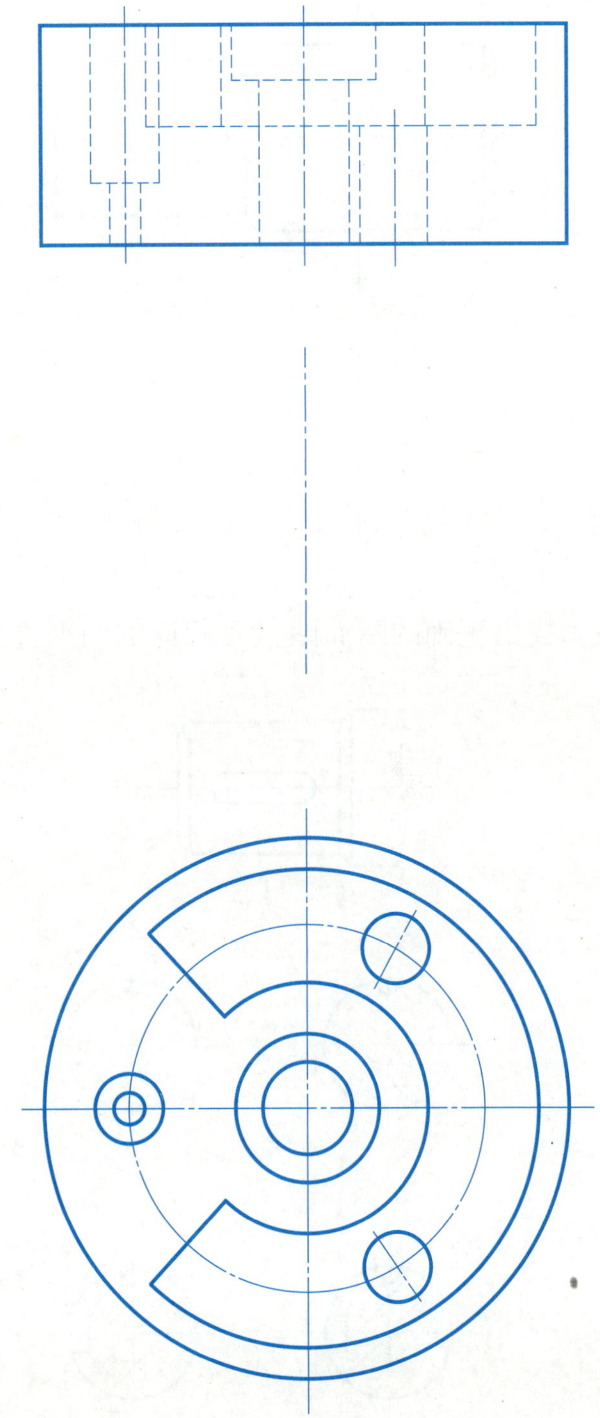

6-25　在指定处画移出断面图。

（1）

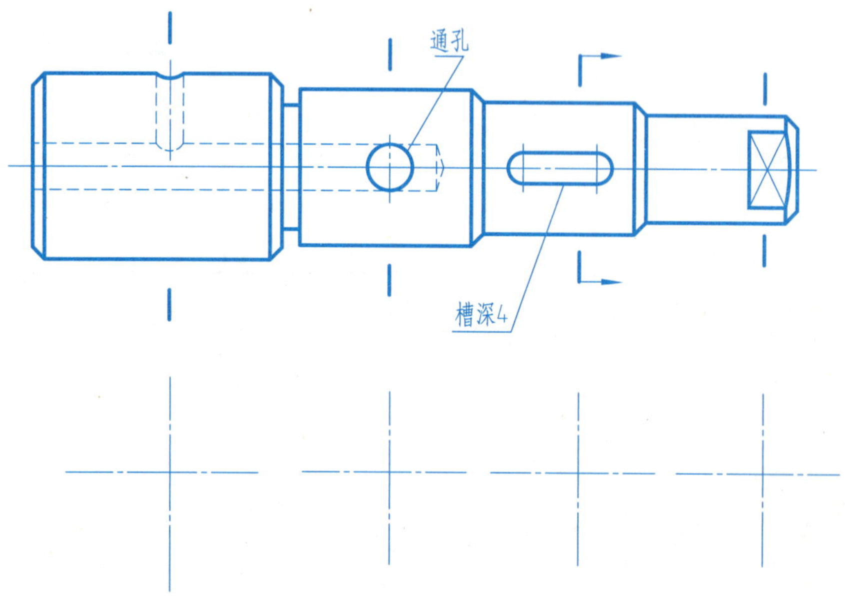

（2）

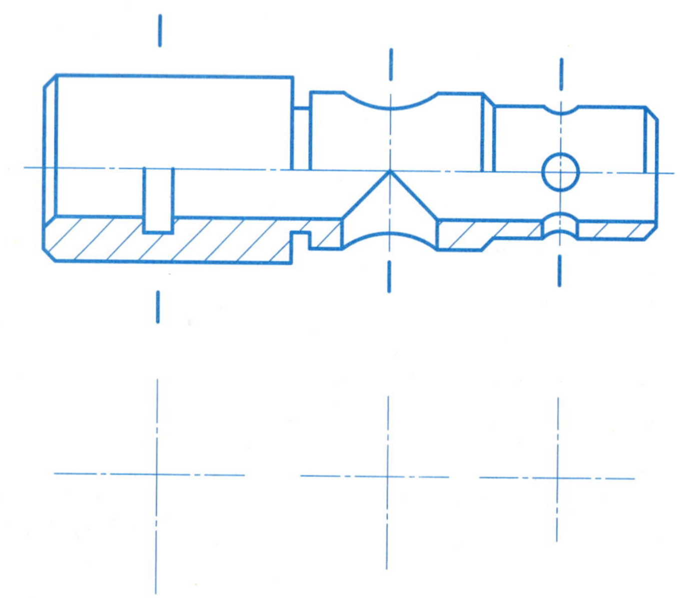

6-26　找出正确的断面图（在相应的图上方画“√”）。

（1）

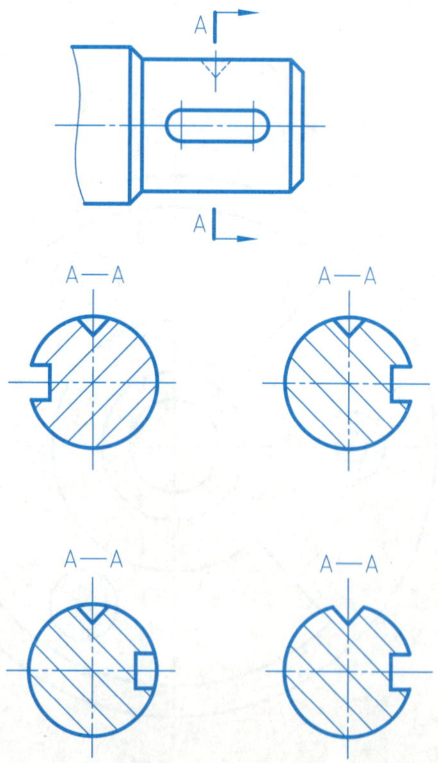

（2）

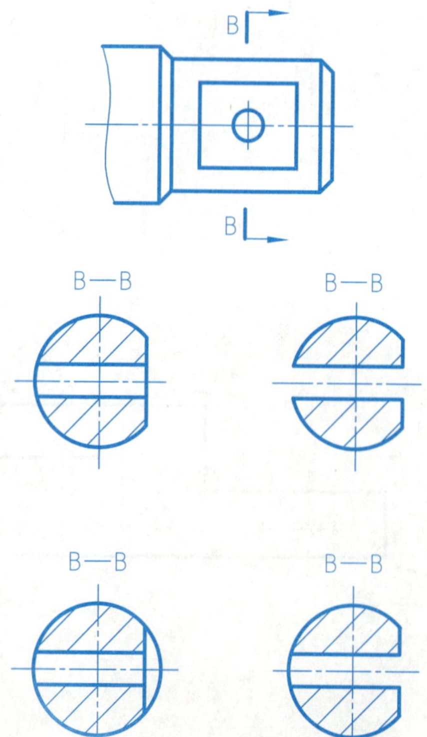

（3）

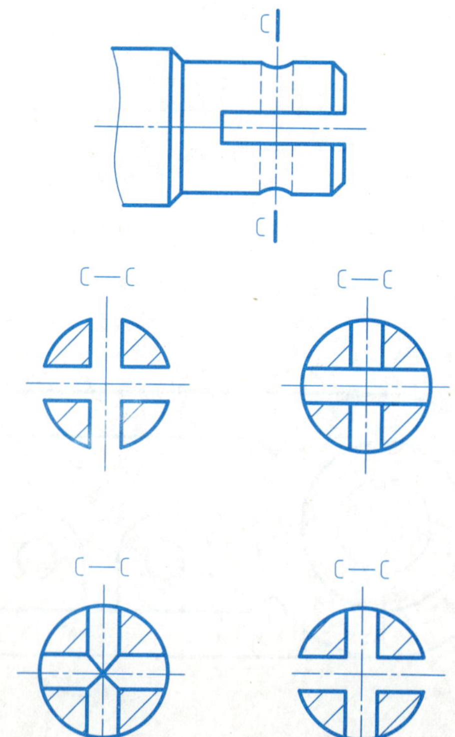

6-27 在空白位置作出 $B—B$、$C—C$ 移出断面图。

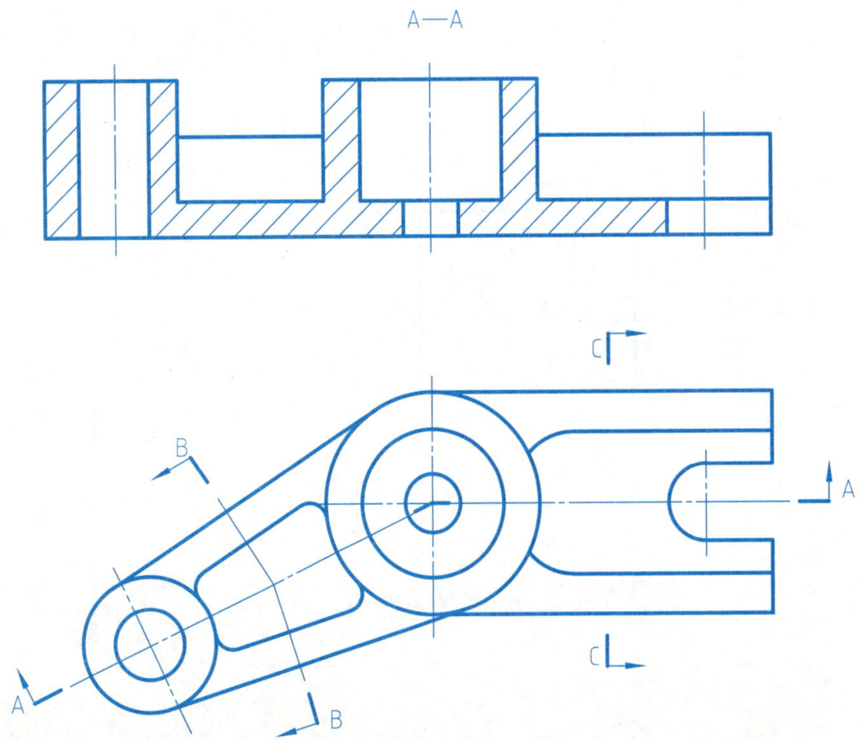

6-28 画出 T 形肋板的重合断面图。

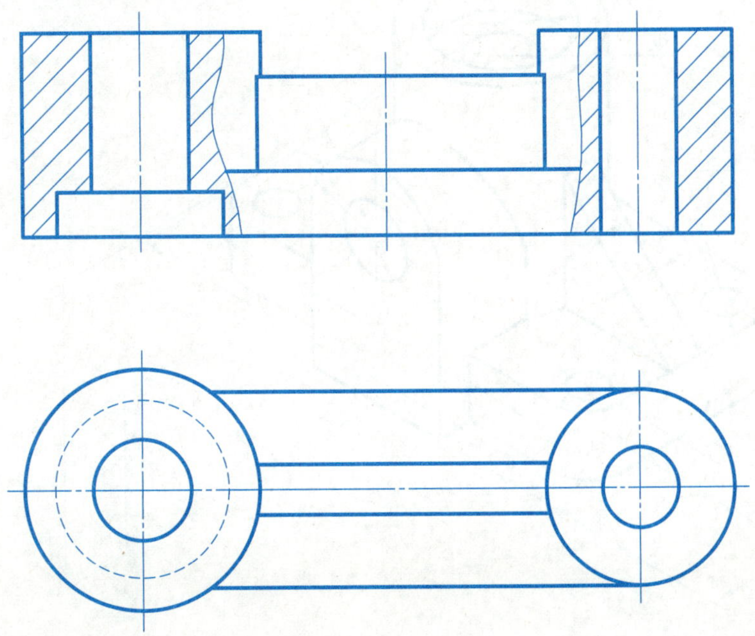

6-29 在指定位置将主视图改画成全剖视图。

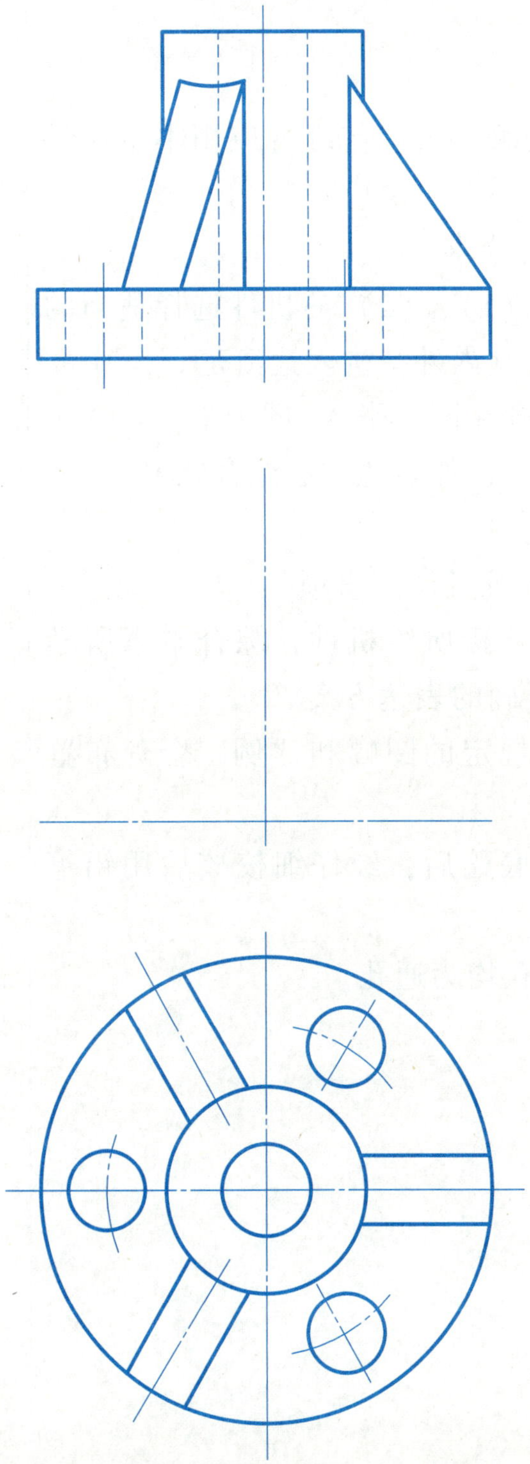

6-30　制图作业——机件的表示法综合练习。

1. 目的

进一步理解、巩固与综合应用本章所学内容。

2. 内容与要求

1）为题（1）、（2）的机件选择适当的表达方案，将其内外结构表达清楚。

2）两题画在同一张 A3 图纸上。

3）图名：机件表达方法综合练习。

4）比例：1∶1。

3. 绘图步骤及注意事项

1）仔细分析所绘机件，综合本章所学内容，确定正确的表达方案。

2）根据规定的图幅和比例，合理布置各视图的位置。

3）完成底稿后，经仔细校核后用铅笔加深。

4）所有孔均为通孔。

（1）

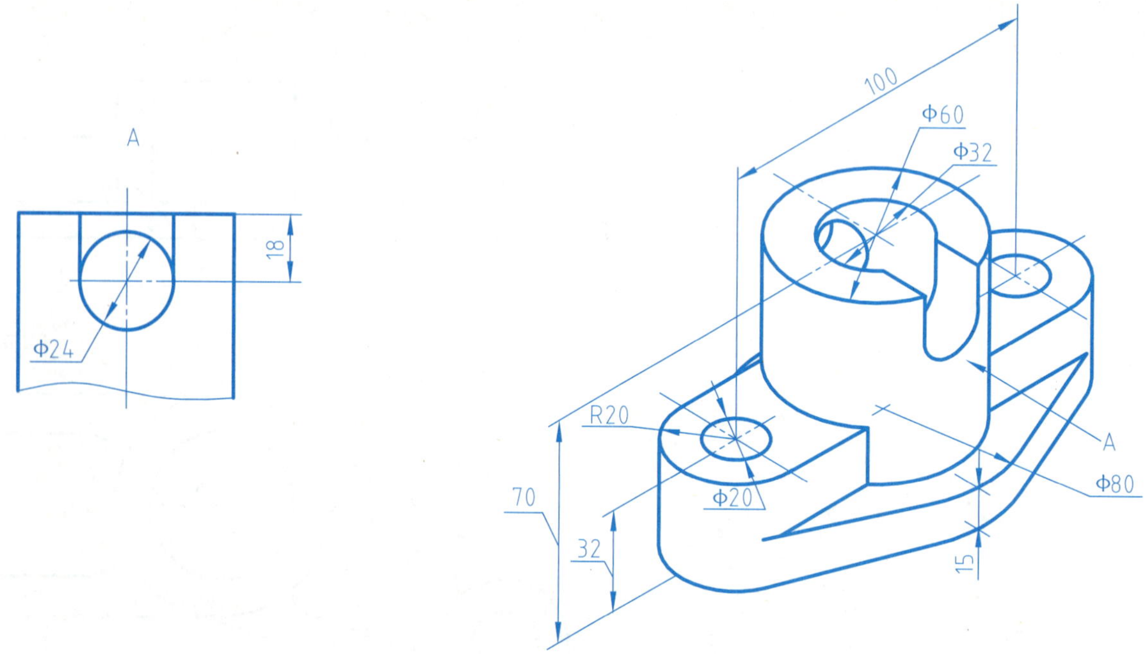

（2）

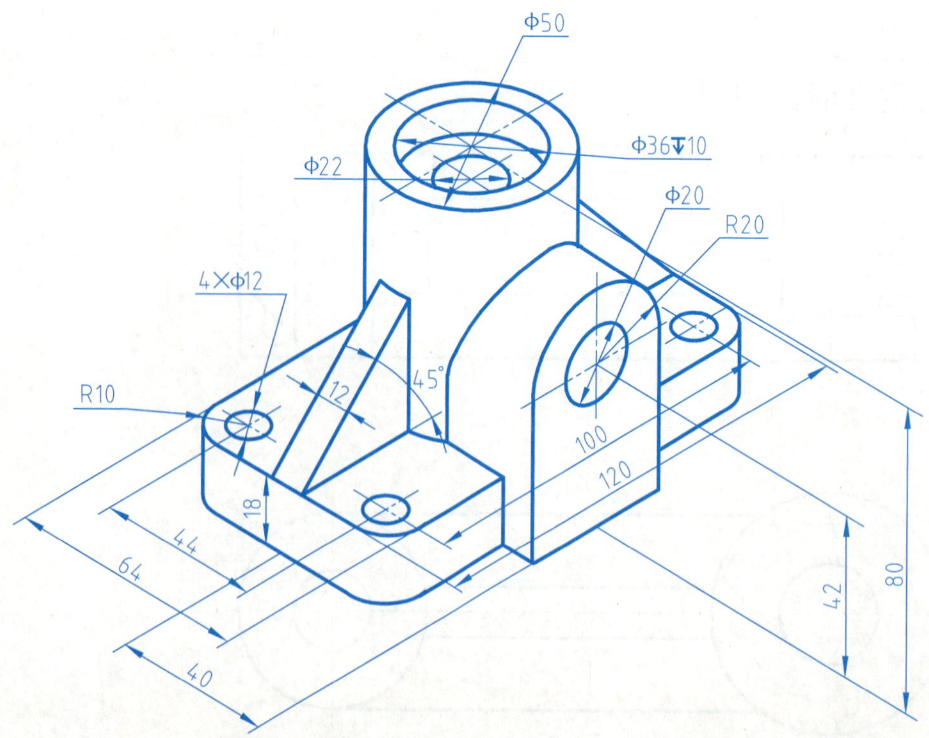

班级________ 学号________ 姓名________

7-1　看图回答问题。

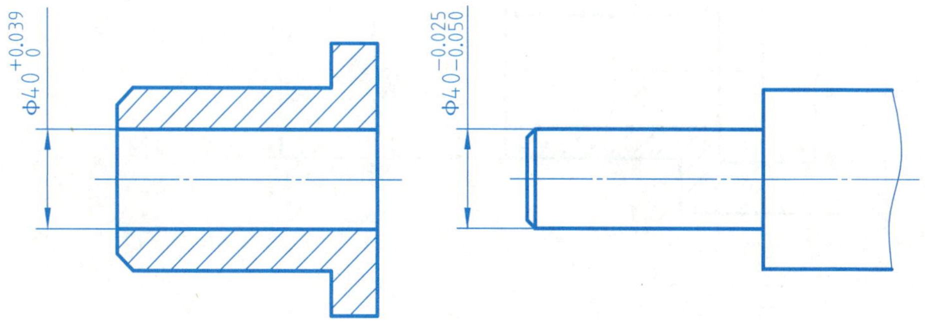

（1）孔 $\phi40^{+0.039}_{0}$ 表示：

公称尺寸________，上极限尺寸________，下极限尺寸________。

上极限偏差________，下极限偏差________，公差________。

基本偏差代号________，标准公差等级________，公差带代号________。

（2）轴 $\phi40^{+0.025}_{-0.050}$ 表示：

公称尺寸________，上极限尺寸________，下极限尺寸________。

上极限偏差________，下极限偏差________，公差________。

基本偏差代号________，标准公差等级________，公差带代号________。

（3）轴和孔配合后属于________制的________配合。

7-2　看图回答问题，并查出偏差值标注在零件图上。

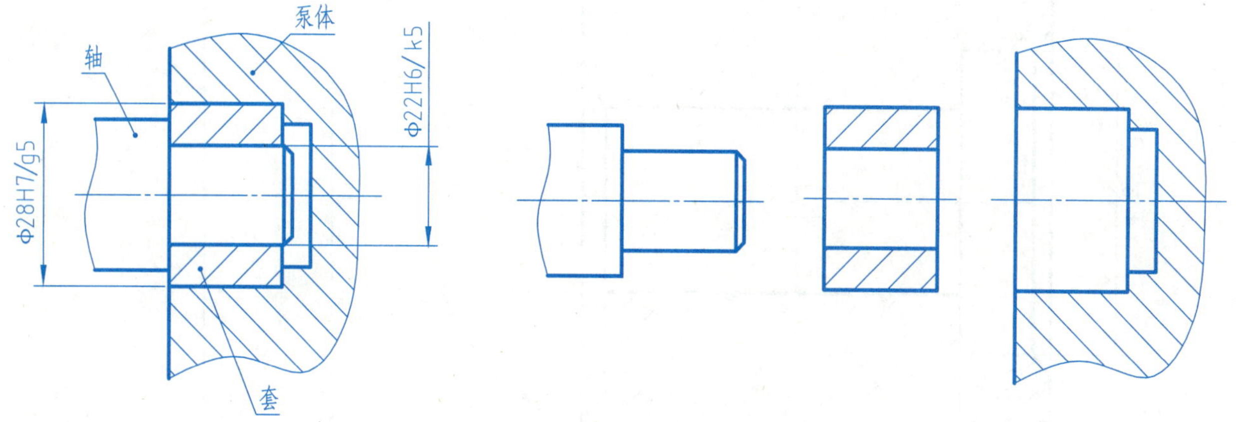

（1）轴套对泵体孔 $\phi28H7/g5$：

公称尺寸________，基________制，________配合。

轴套：上极限偏差________，下极限偏差________，公差等级________。

泵体：上极限偏差________，下极限偏差________，公差等级________。

（2）轴套对轴径 $\phi22H6/k5$：

公称尺寸________，基________制，________配合。

轴套：上极限偏差________，下极限偏差________，公差等级________。

泵体：上极限偏差________，下极限偏差________，公差等级________。

第七章　零件图

班级________ 学号________ 姓名________

7-3　将表中给定的表面粗糙度要求标注在视图相应的表面上。

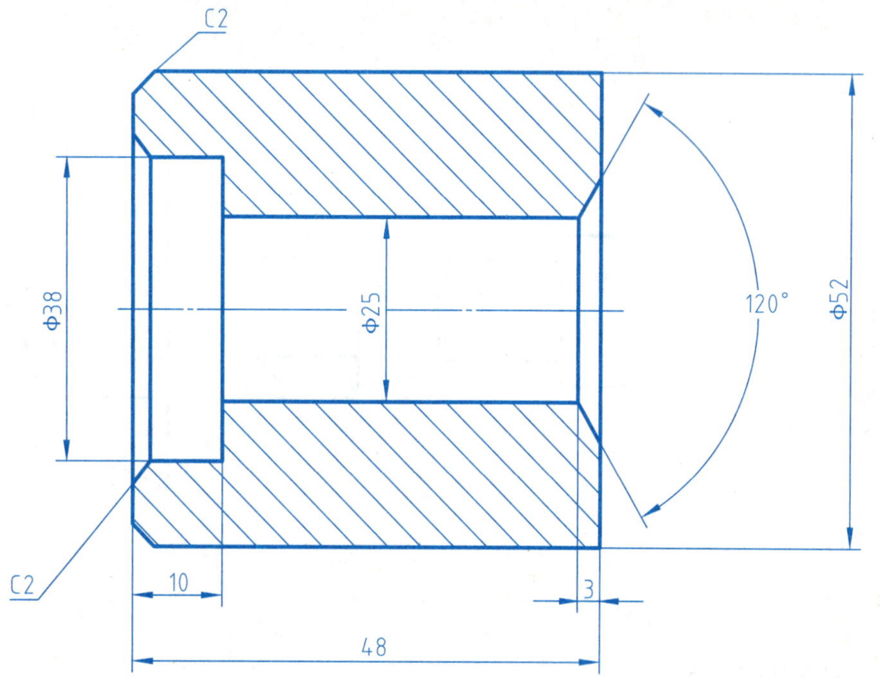

标注表面	粗糙度要求
120°锥面	√Ra 12.5
ϕ38 孔内表面	√Ra 6.3
ϕ25 孔内表面	√Ra 3.2
ϕ52 圆柱面	√Ra 1.6
左端面	√Ra 12.5
右端面	√Ra 12.5
其余表面	√

7-4　用文字说明下图中几何公差的含义。

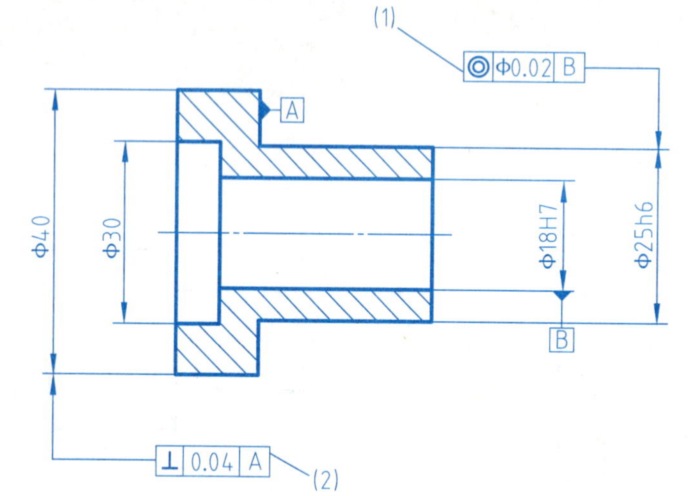

(1) ____;

(2) ____。

7-5　在图上标出：（1）孔 ϕ18 轴线的直线度公差值为 ϕ0.02；（2）孔 ϕ18 轴线对底面的平行度公差值为 0.03。

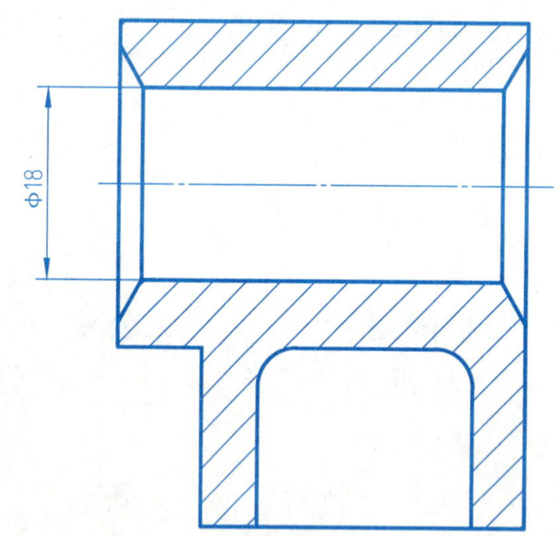

7-6　读主动轴零件图，回答问题。

（1）ϕ20f7 的含义：ϕ20 为__________，f7 是__________，如将 ϕ20f7 写成有上、下极限偏差的形式，注法是________________。

（2）说明 |⊥|0.03|A| 的含义：符号⊥表示__________，数字 0.03 是__________，*A* 是__________；被测要素是__________，基准要素是__________。

（3）零件有__________种表面粗糙度要求，其中要求最高的表面是____________________，它可由________________方法获得。

（4）工艺结构：倒角尺寸为__________，螺纹退刀槽的尺寸为________________，砂轮越程槽的尺寸为__________。

（5）在指定位置画出移出断面图。

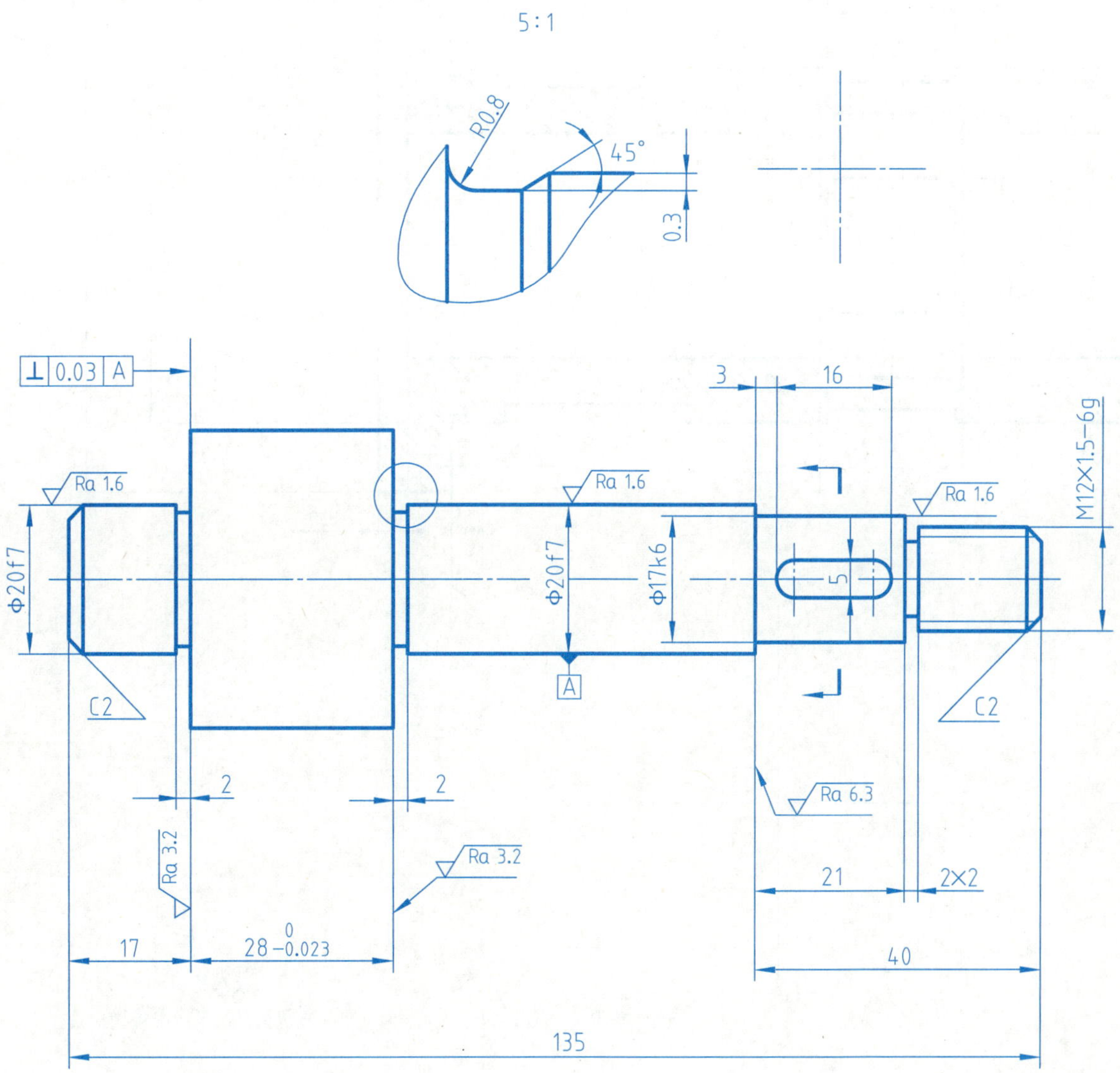

技术要求
1. 调质处理220～250HBW。
2. 锐边倒角。

主动轴	比例	1:1	图号	
	材料	45	数量	
制图				
审核				

7-7 读套筒零件图，回答问题并分别画出 *C—C* 及 *B—B* 断面图。

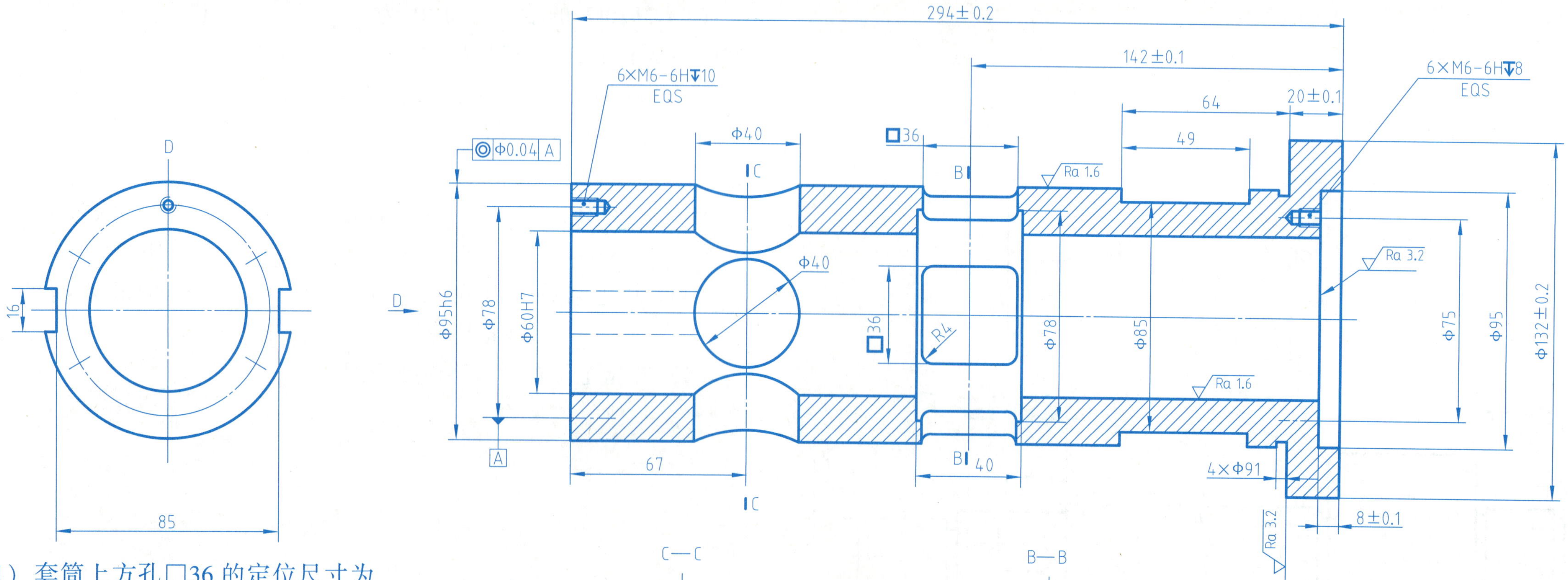

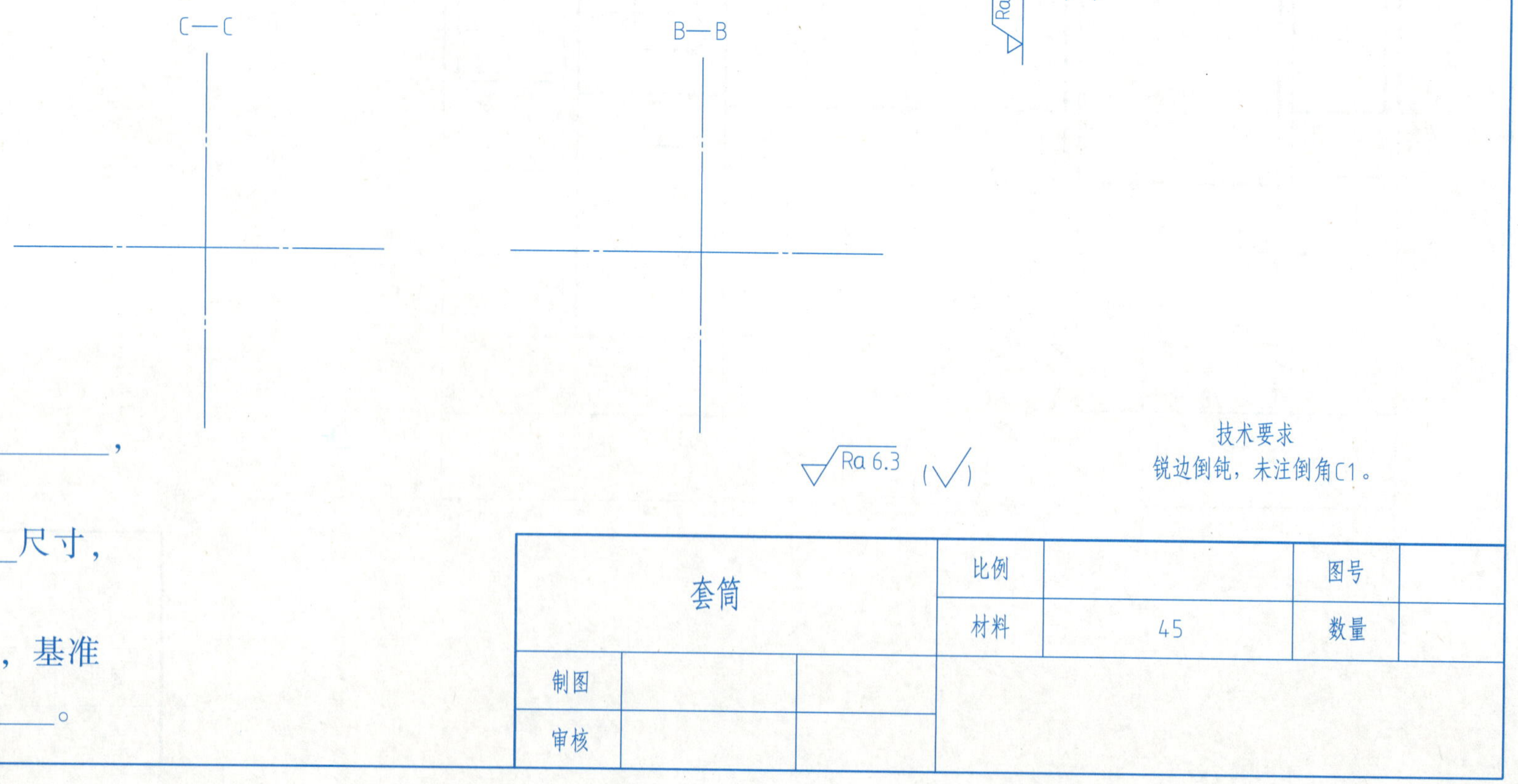

（1）套筒上方孔□36 的定位尺寸为__________，ϕ40 圆孔的定位尺寸为__________。

（2）主视图上的虚线表示零件上有________条槽，其宽度和深度分别为________和________。

（3）零件上 ϕ60H7 孔、ϕ132±0.2 圆柱左端面和 ϕ95h6 圆柱左端面的表面粗糙度 *Ra* 值分别为：__________、__________、__________。

（4）解释 6×M6-6H ↧ 10 的含义：____________________，该螺纹结构的定位尺寸为__________。

（5）ϕ95h6 表示__________轴，ϕ95 是__________尺寸，h6 是__________，h 是__________，6 是__________。

（6）◎Φ0.04 A 的含义：被测要素为______________，基准要素为______________，几何公差项目为______________。

7-8　读接头零件图回答问题。

（1）该零件所用的三个图形分别称为________视图、________视图和________视图，剖视图是采用________剖切方法得到的。

（2）右板上共有________个供连接用的通孔，它们的定形尺寸是________，定位尺寸是________，表面粗糙度代号为________________。

（3）图中螺孔代号 2×M5↧8 表示有________个________牙________螺纹孔，大径为________。

（4）该零件采用了______种表面粗糙度代号，其中精度最高的表面粗糙度代号为__________。

（5）说明 $\phi52H7\ (^{+0.030}_{\ 0})$ 的含义：公称尺寸为________，公差带代号为________，基本偏差代号为________，标准公差等级为________，公差值为________。

（6）材料代号 HT150 中的 HT 的含义是______。

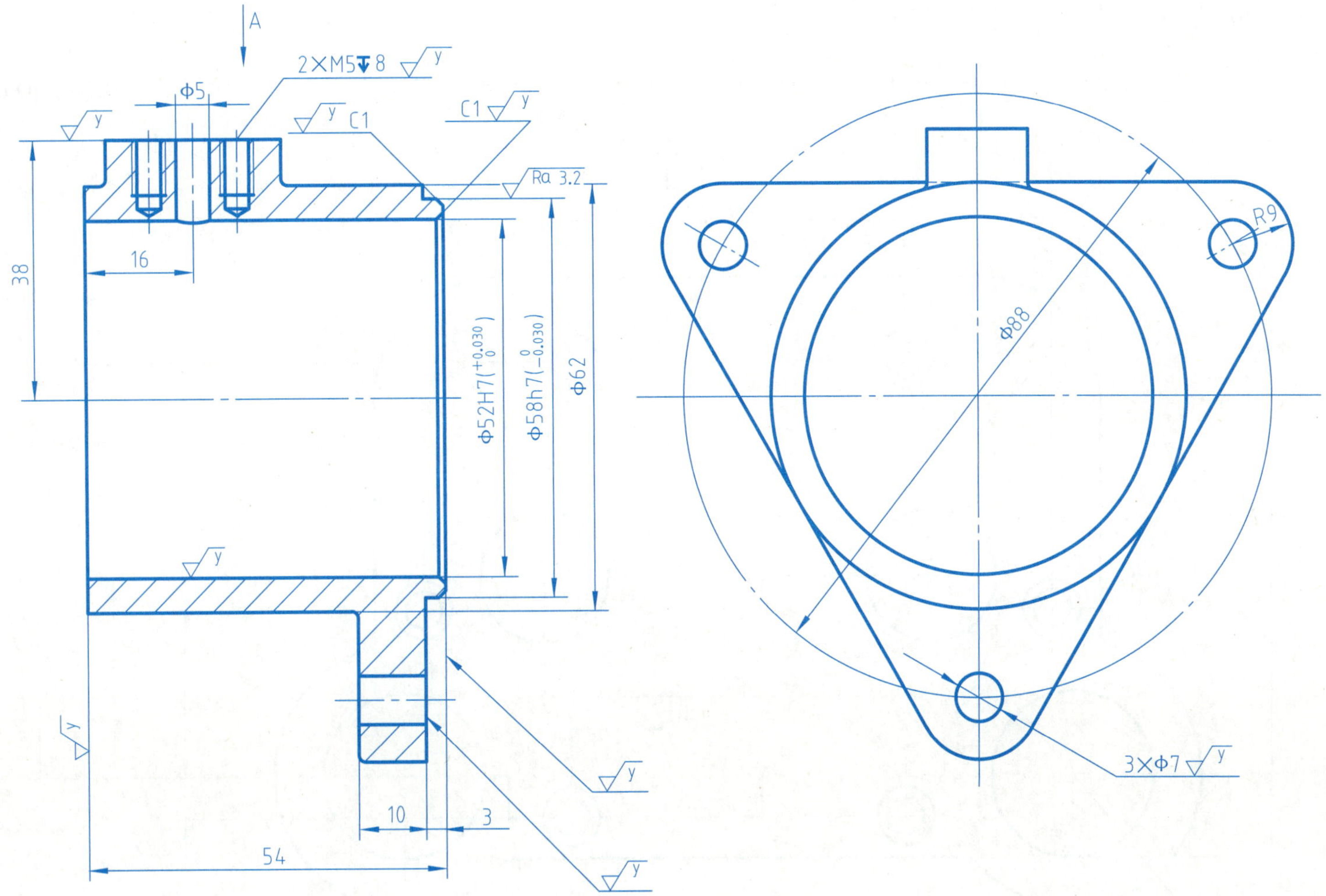

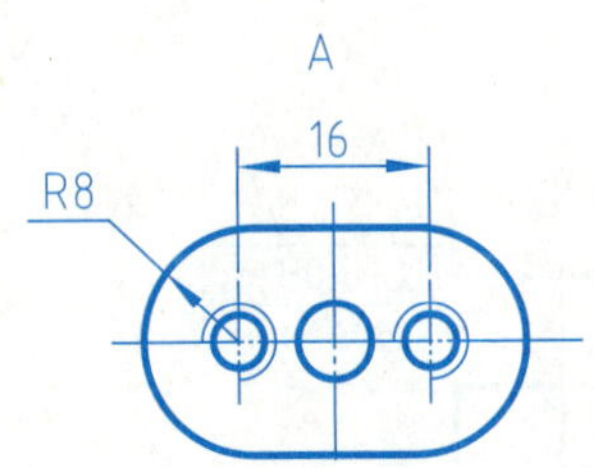

$\sqrt{y}$ = $\sqrt{Ra\ 12.5}$

$\sqrt{}$ （$\sqrt{}$）

技术要求

1.锐角倒钝。

2.未注铸造圆角均为R2~R4。

接头		比例	1:1	图号	
		材料	HT150	数量	
制图					
审核					

7-9　读前盖零件图，回答问题。

（1）说明各视图的名称和剖切方法：____________________。

（2）说明下列表面的粗糙度要求：Ⅰ表面____________，Ⅱ表面____________，Ⅲ表面____________。

（3）解释图中 ϕ40H7 代号的含义：ϕ40 ____________，H7 ____________，H ____________，7 ____________。

（4）画出 *B—B* 剖切的左视图。

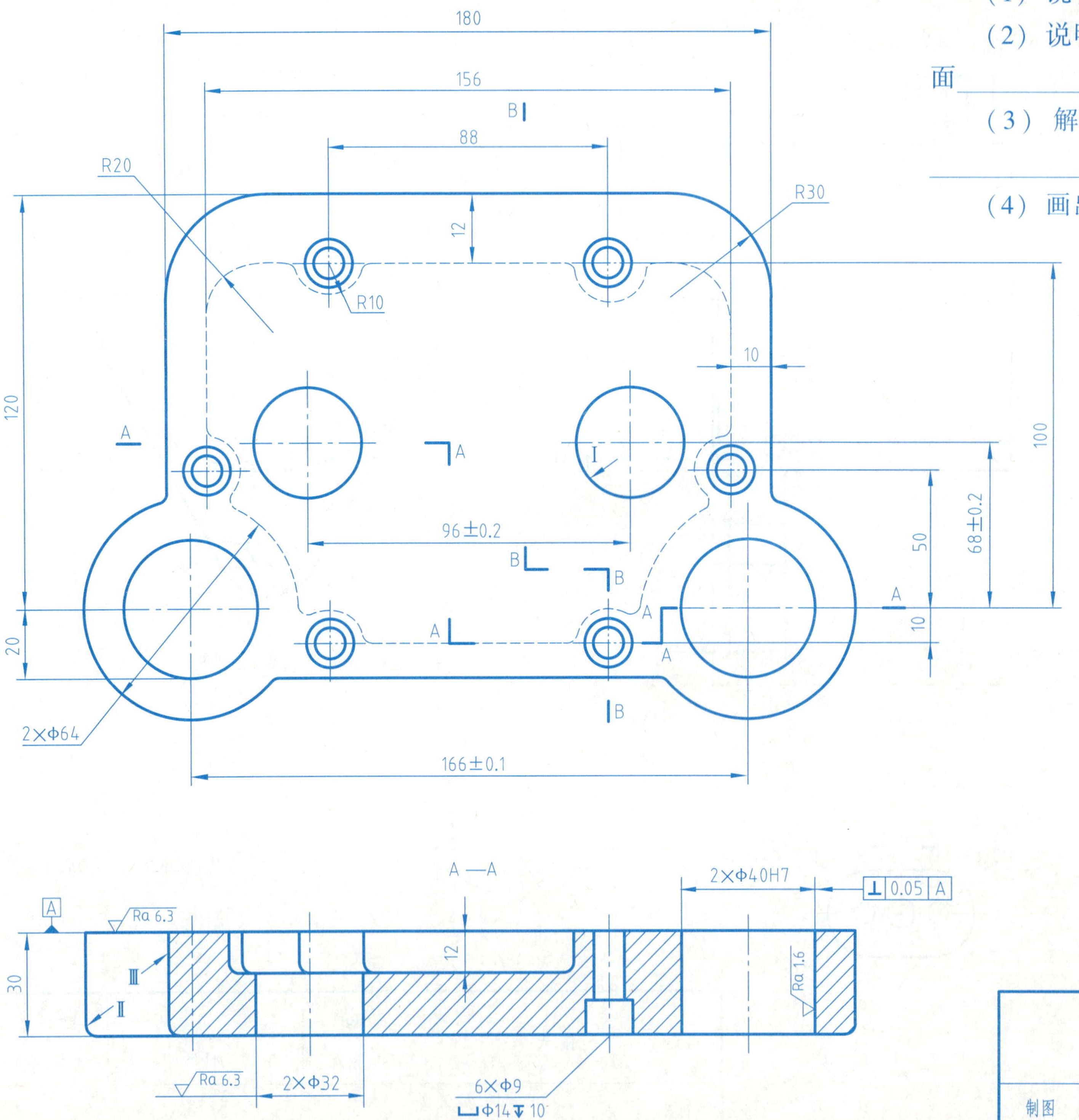

B—B

技术要求

1. 未注铸造圆角R3～R5。
2. 铸件需时效处理。

$\sqrt{}$ ($\sqrt{}$)

前盖		比例		图号	
		材料	45	数量	
制图					
审核					

7-10　读盖子零件图，回答问题并补画该零件右视图。

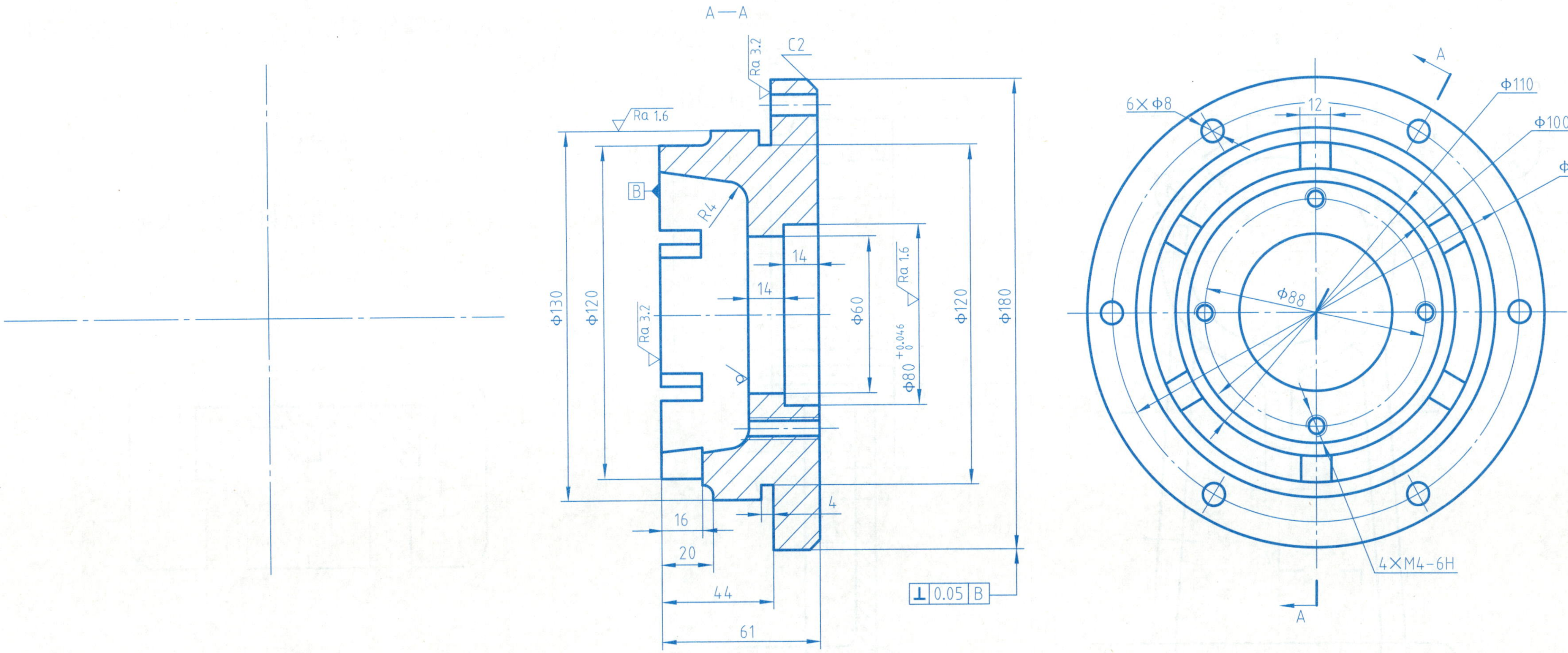

技术要求

1. 铸件不得有气孔、砂眼、裂纹等缺陷。
2. 时效处理。

Ra 12.5 (√)

（1）说明 4×M4-6H 的含义：____________________。

（2）说明[⊥|0.05|B]的含义：____________________。

（3）左视图上宽 12 的槽有________个，深________。

（4）该零件的材料为：______________。

盖子	比例	1:2	图号	
	材料	HT200	数量	
制图				
审核				

　　　　班级________学号________姓名________

7-11　读支架零件图，回答问题并画出 D 向局部视图。

（1）该零件共用了______个图形表达，它们分别是____________、____________、____________、____________、____________。

（2）孔 φ72J7 的定位尺寸是____________。

（3）3×φ8 的定位尺寸是____________。

（4）孔 φ72J7 的表面粗糙度要求是________________________。

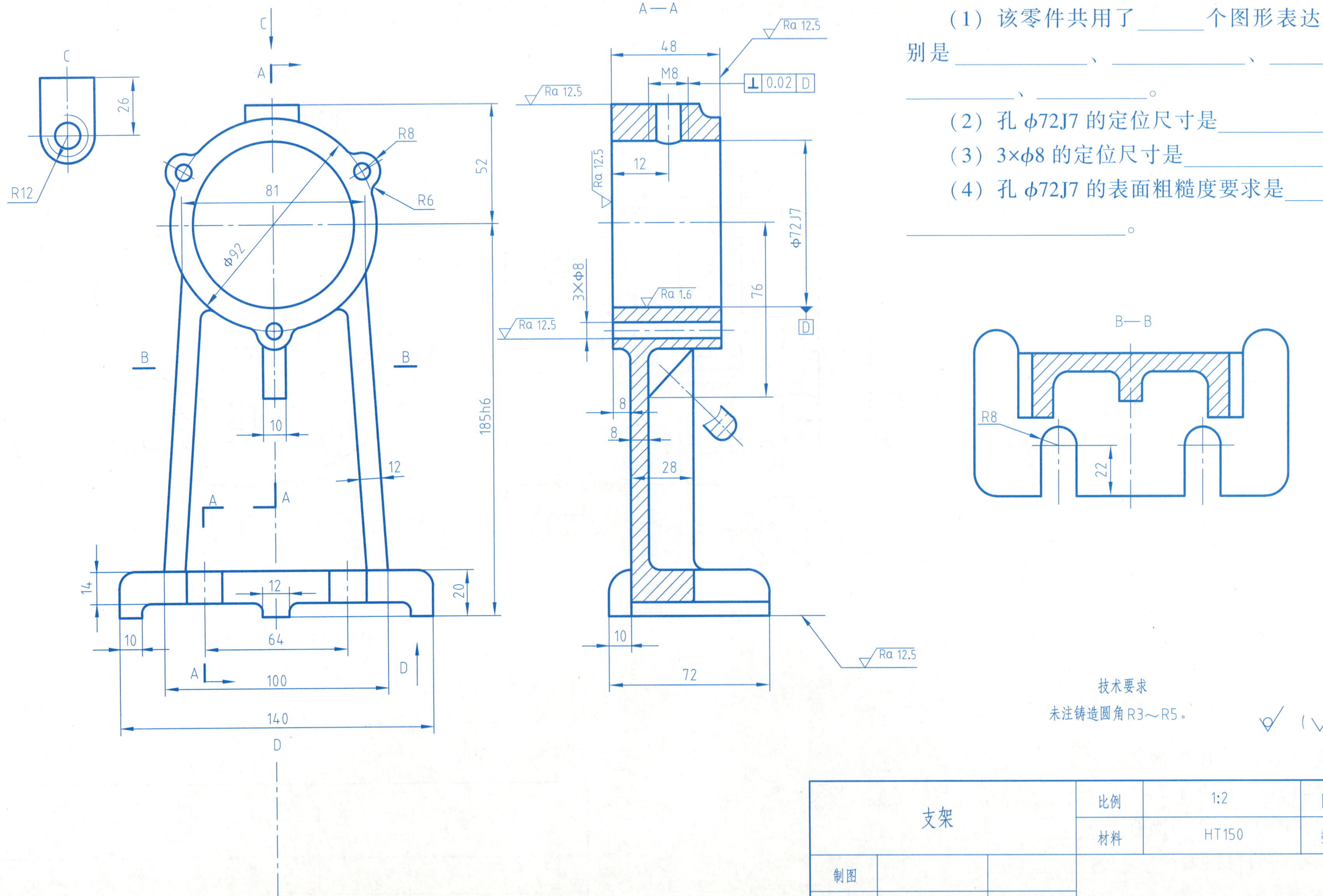

技术要求

未注铸造圆角 R3～R5。

支架	比例	1:2	图号	
	材料	HT150	数量	
制图				
审核				

7-12　读座体零件图，画出 *C—C* 移出断面图。

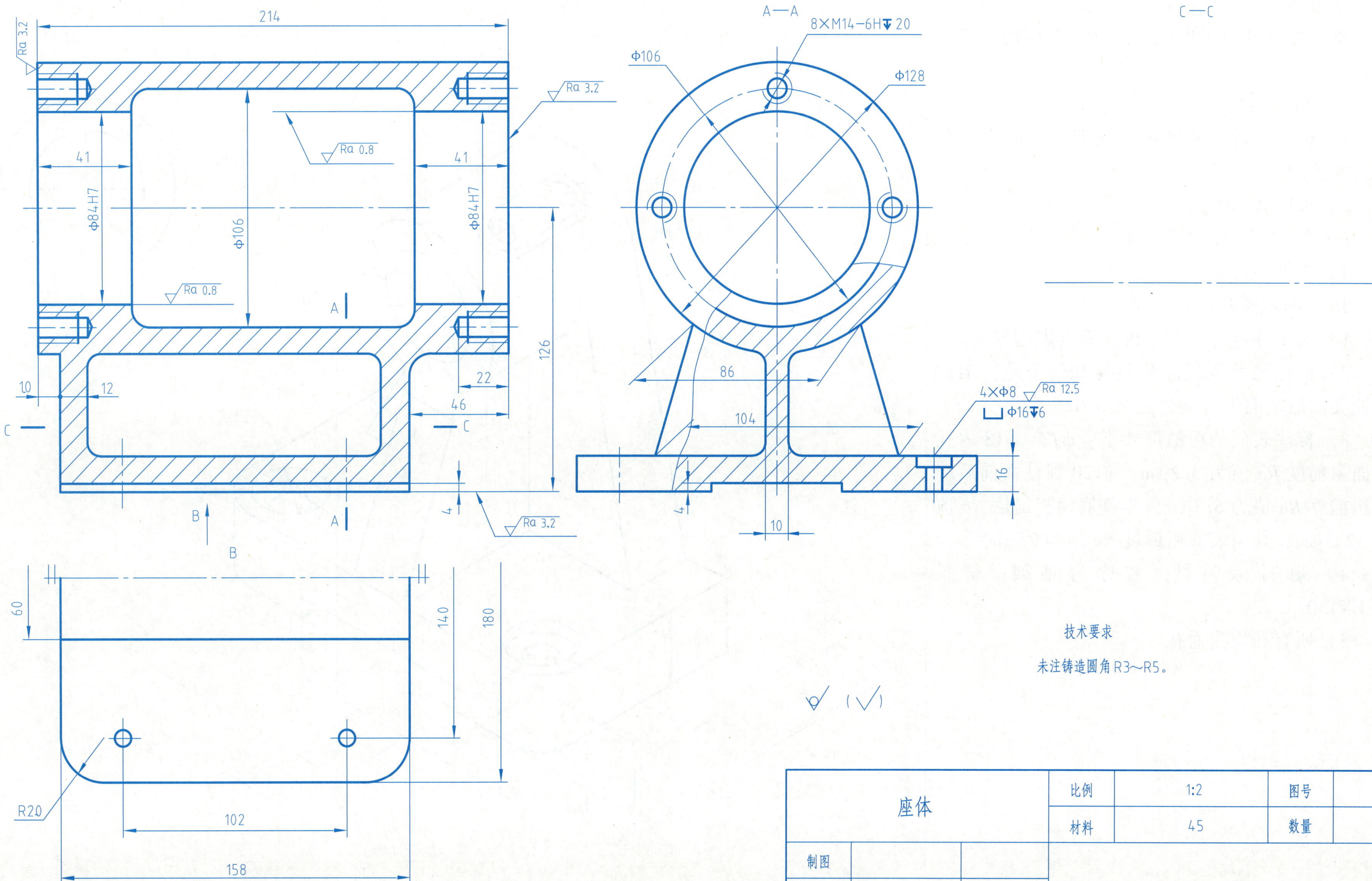

座体	比例	1:2	图号	
	材料	45	数量	
制图				
审核				

7-13　制图作业——零件图综合练习。

1. 目的

通过练习进一步巩固提高并综合应用本章的内容。

2. 内容与要求

1）根据零件轴测图画出支架零件的零件草图和零件图。

2）采用 A3 图纸。

3）图名：零件图综合练习。

4）比例：自定。

3. 绘图步骤及注意事项

1）对零件进行综合分析，确定表达方案。

2）标注尺寸及尺寸公差与几何公差：$\phi120$ 圆柱面前后端面平行度公差为 0.02。

3）标注表面的粗糙度要求：$\phi77$、$\phi18$ 内孔表面粗糙度 Ra 值为 3.2μm；$\phi120$ 圆柱面前后端面粗糙度 Ra 值为 6.3μm；零件底面粗糙度 Ra 值为 12.5μm；其余表面粗糙度 Ra 值为 25μm。

4）填写标题栏：名称为轴架；材料为 HT150。

5）所有孔均为通孔。

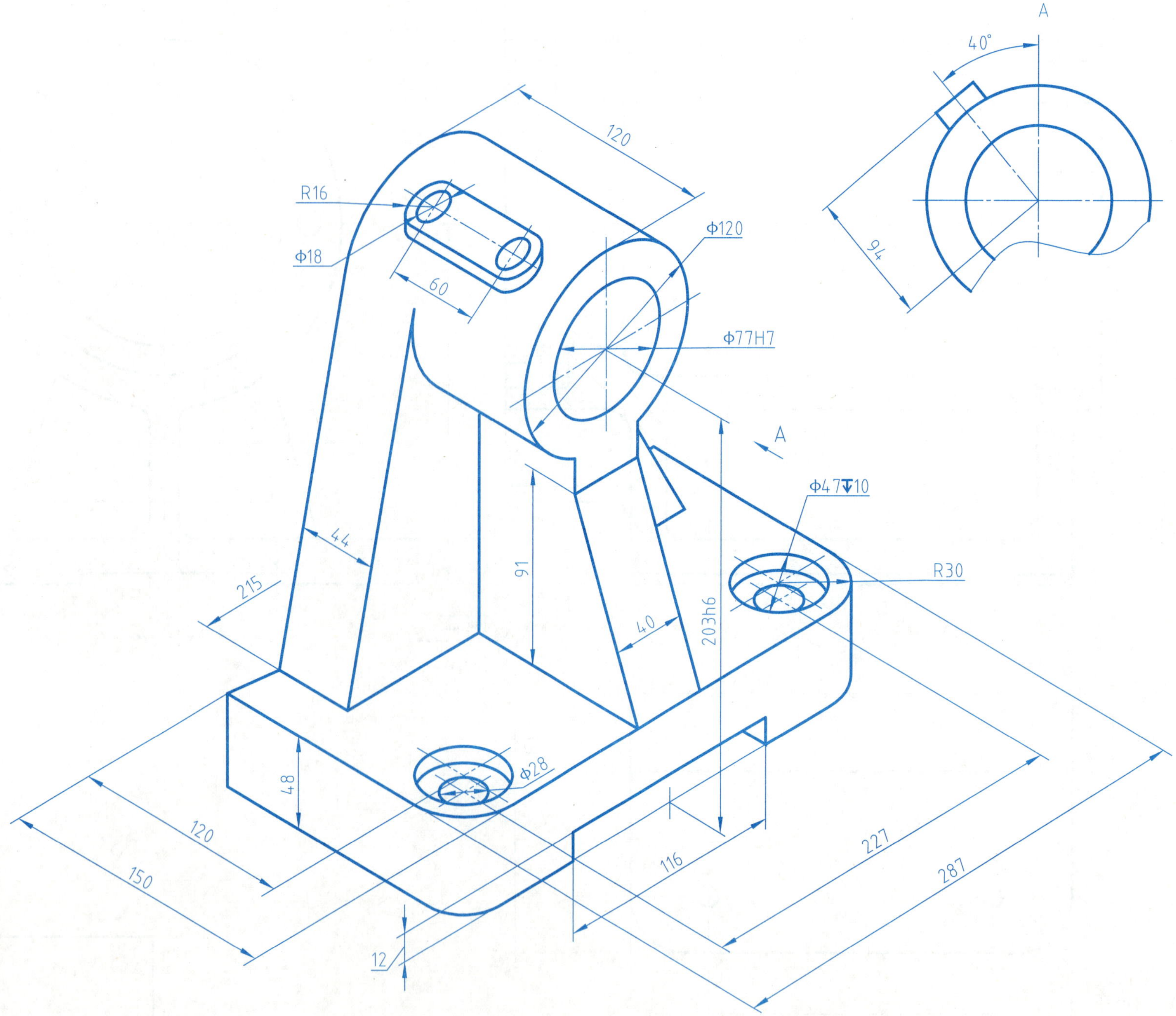

第八章　标准件和常用件的特殊表示法

班级________ 学号________ 姓名________

8-1　指出下列螺纹规定画法中的错误之处，并在指定位置画出正确的图形。

（1）

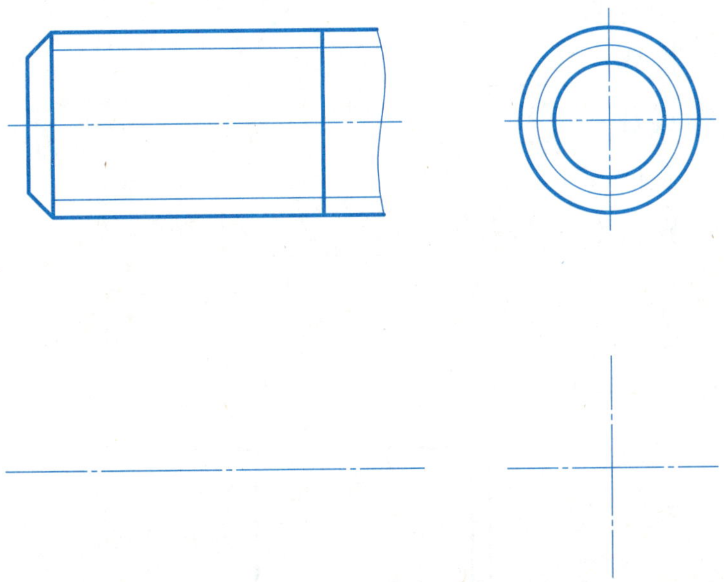

（2）

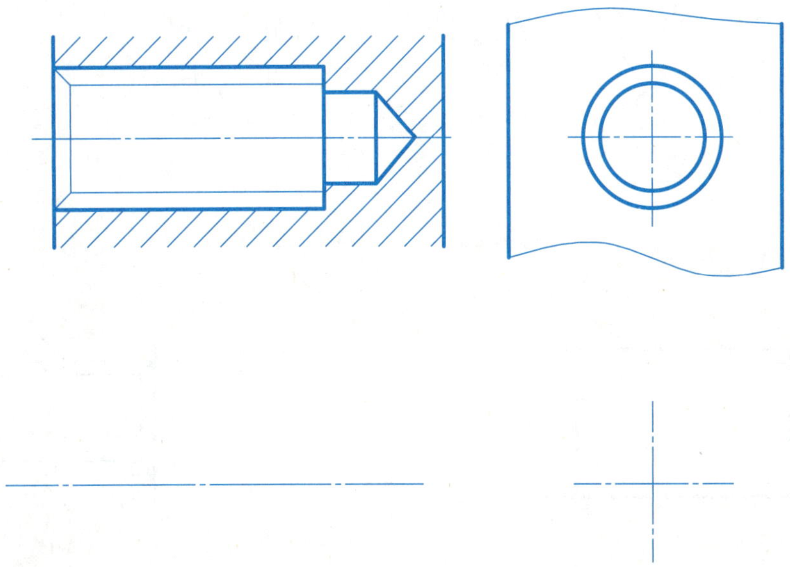

（3）

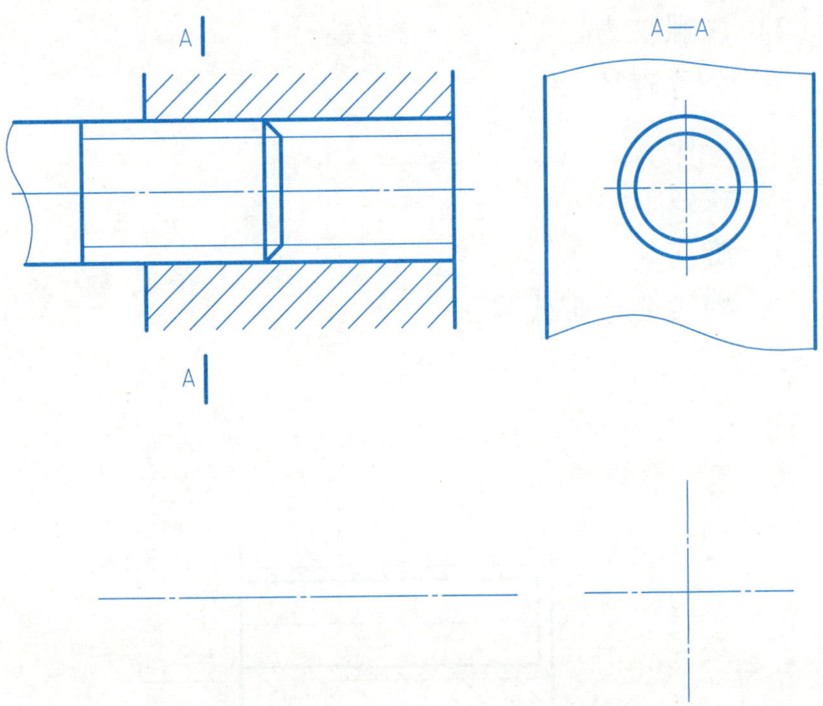

（4）

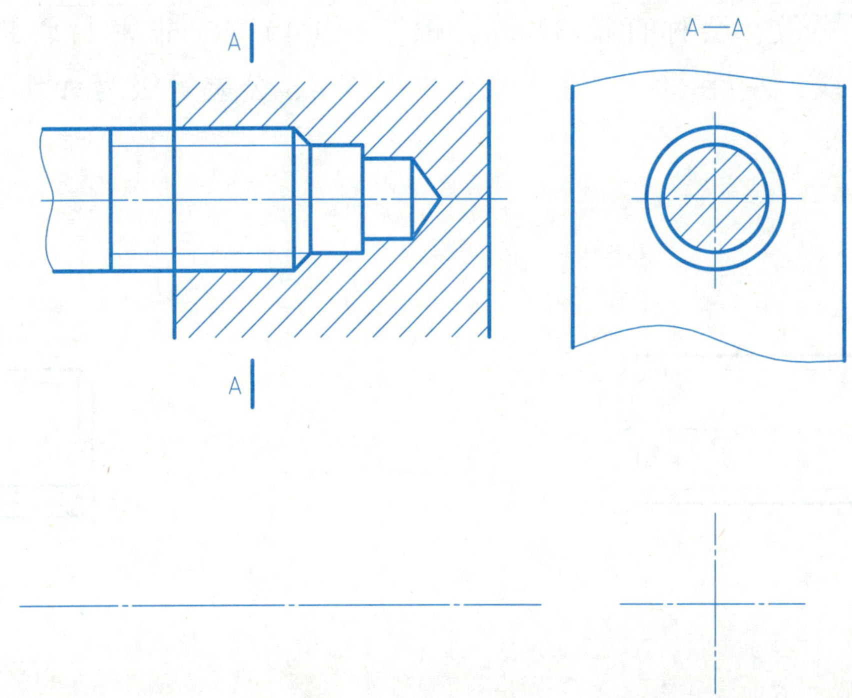

班级________学号________姓名________

8-2　根据下列给定的螺纹要素，标注螺纹代号。

（1）粗牙普通螺纹，公称直径 24mm，单线，右旋，中径、大径公差均为 6h。

（2）细牙普通螺纹，公称直径 30mm，螺距 2mm，单线，右旋，中径、小径公差带均为 5G。

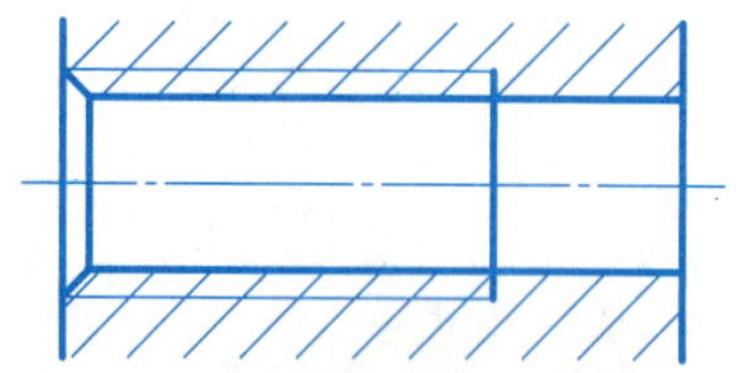

（3）梯形螺纹，公称直径 32mm，螺距 6mm，双线，左旋。

（4）55°非密封管螺纹，尺寸代号为 3/4，公差等级为 A 级，右旋。

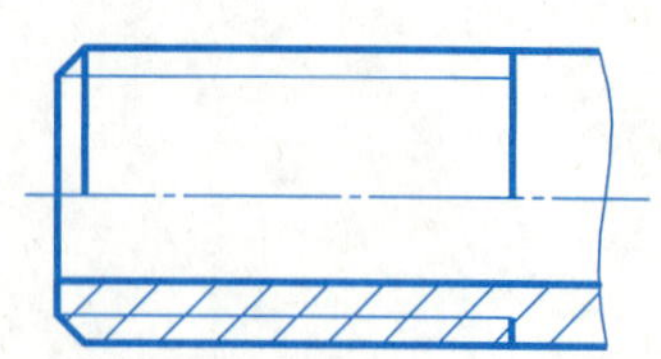

8-3　根据下列标注的螺纹代号，填空说明螺纹的各要素。

（1）该螺纹为________螺纹；

公称直径________；

螺距________；

线数________；

旋向________；

螺纹公差带代号________。

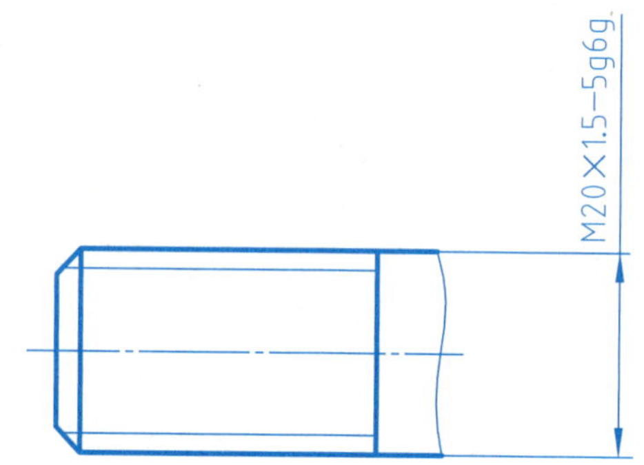

（2）该螺纹为________螺纹；

公称直径________；

螺距________；

线数________；

旋向________；

螺纹公差带代号________。

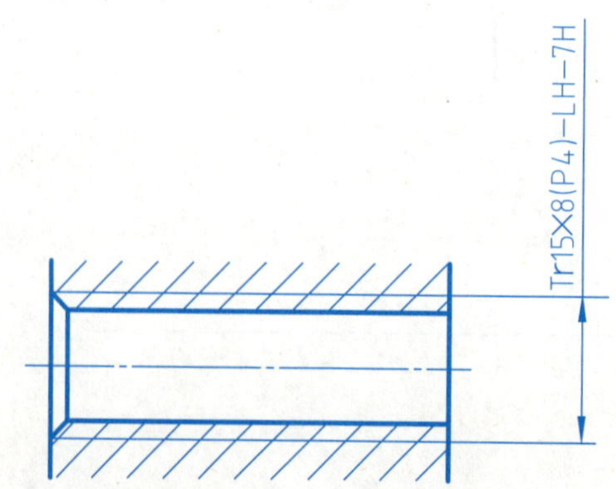

8-4　补画漏线（采用简化画法和比例画法）。

（1）螺栓连接

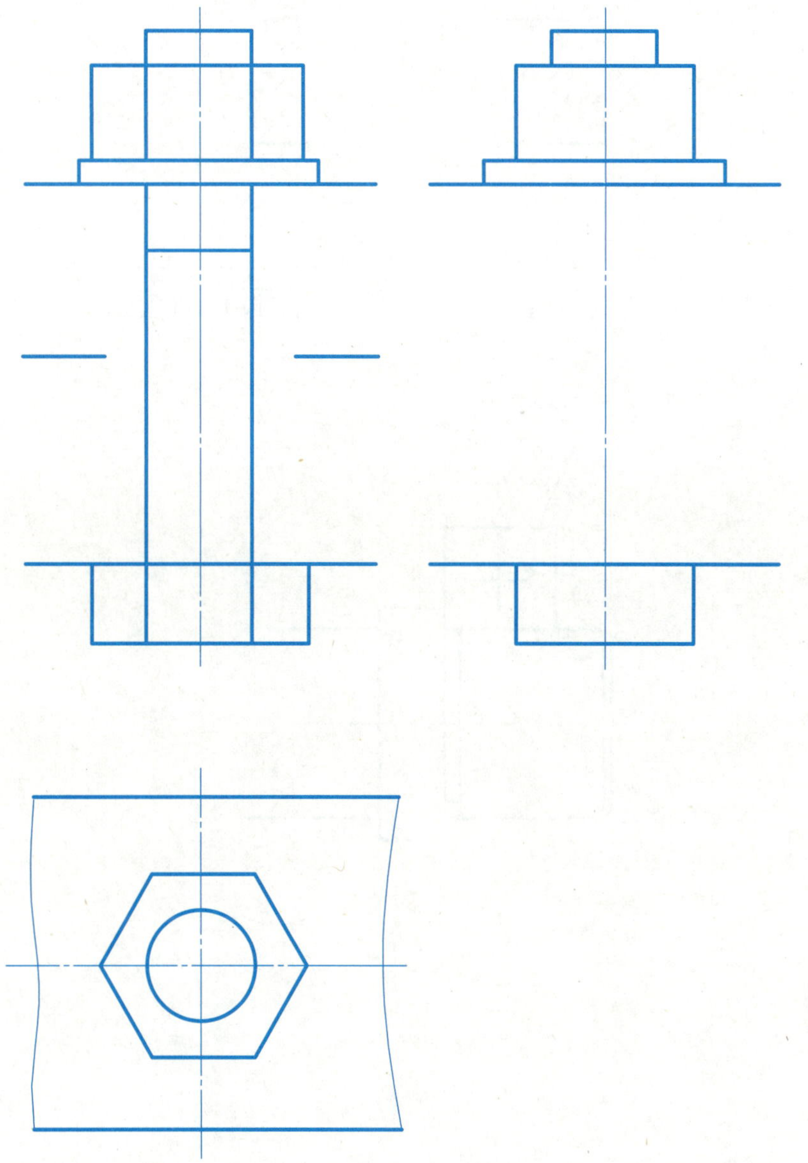

（2）螺柱连接

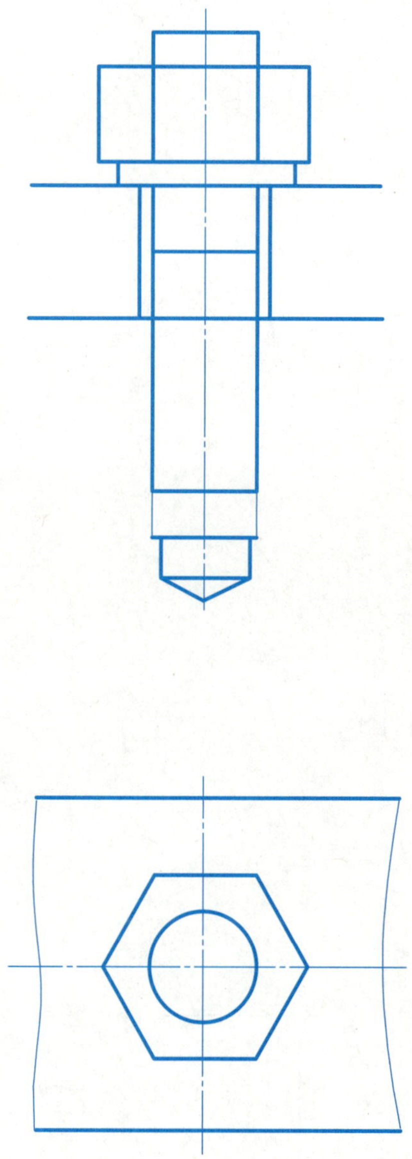

（3）螺钉连接

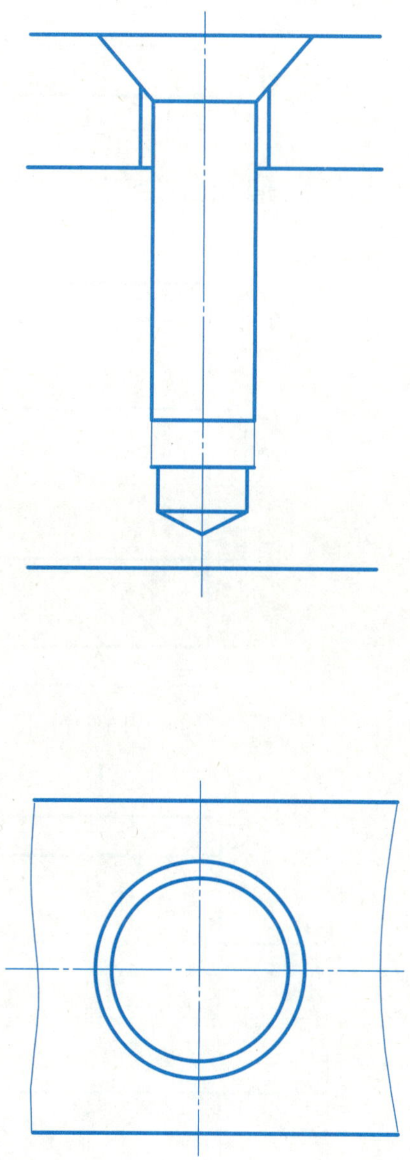

8-5　绘制普通平键。

（1）按轴径（由图中量取）查表画出 *A—A* 断面图。

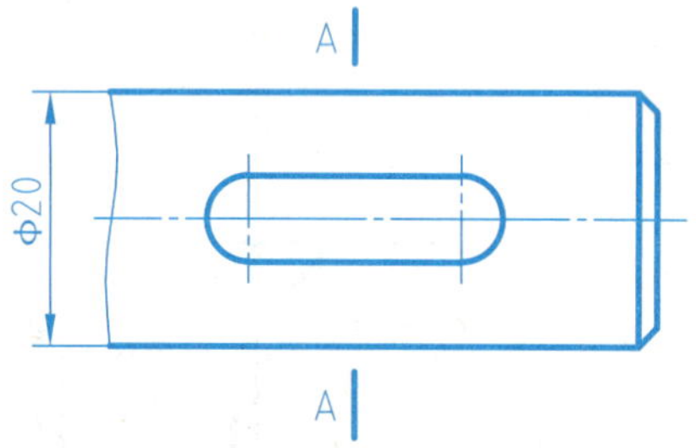

A—A

（2）画出与上轴相配合的齿轮轴孔的局部视图。

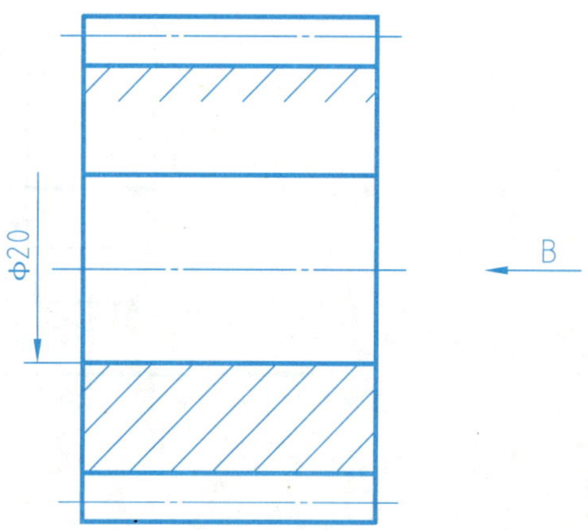

（3）画出（1）、（2）两题的轴与齿轮用键连接的图。

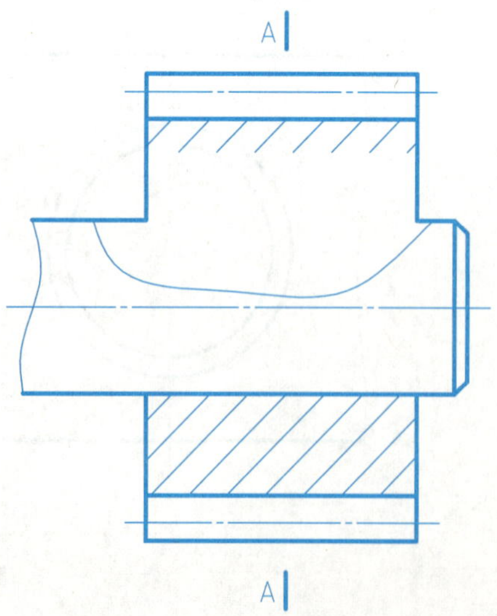

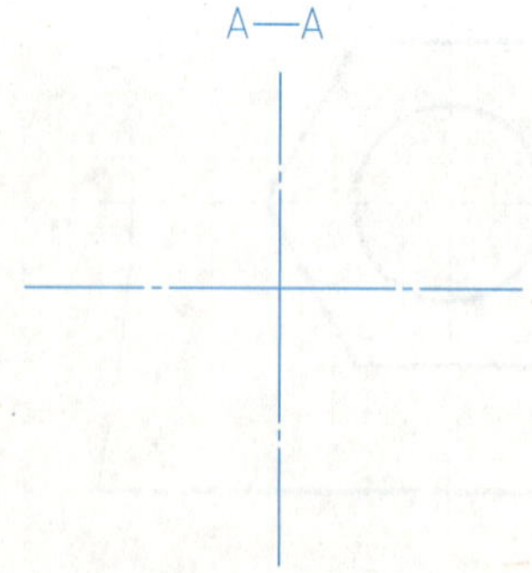

8-6　取适当长度且直径为 5mm 的圆柱销，画出其连接图。

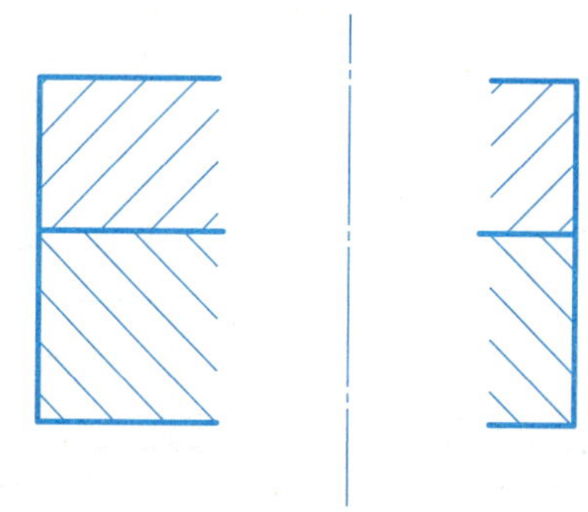

8-7　查表并用规定画法按 1 : 1 画出滚动轴承的剖视图。

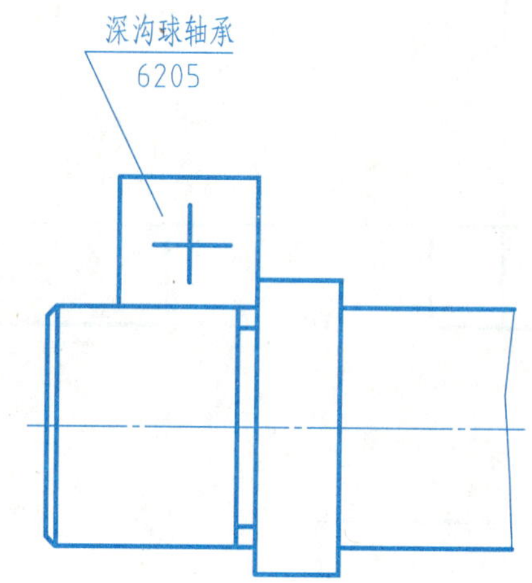

8-8　已知直齿圆柱齿轮模数 $m=4\text{mm}$，齿数 $z=30$，试计算该齿轮的分度圆、齿顶圆和齿根圆的直径。用 1∶2 的比例完成下列两视图，并标注尺寸。

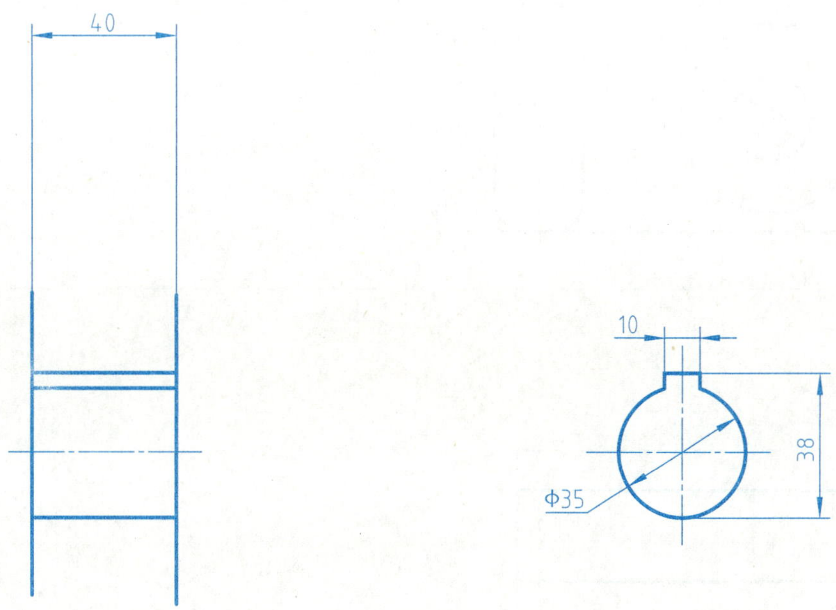

8-9　完成下列直齿圆柱齿轮的啮合图。

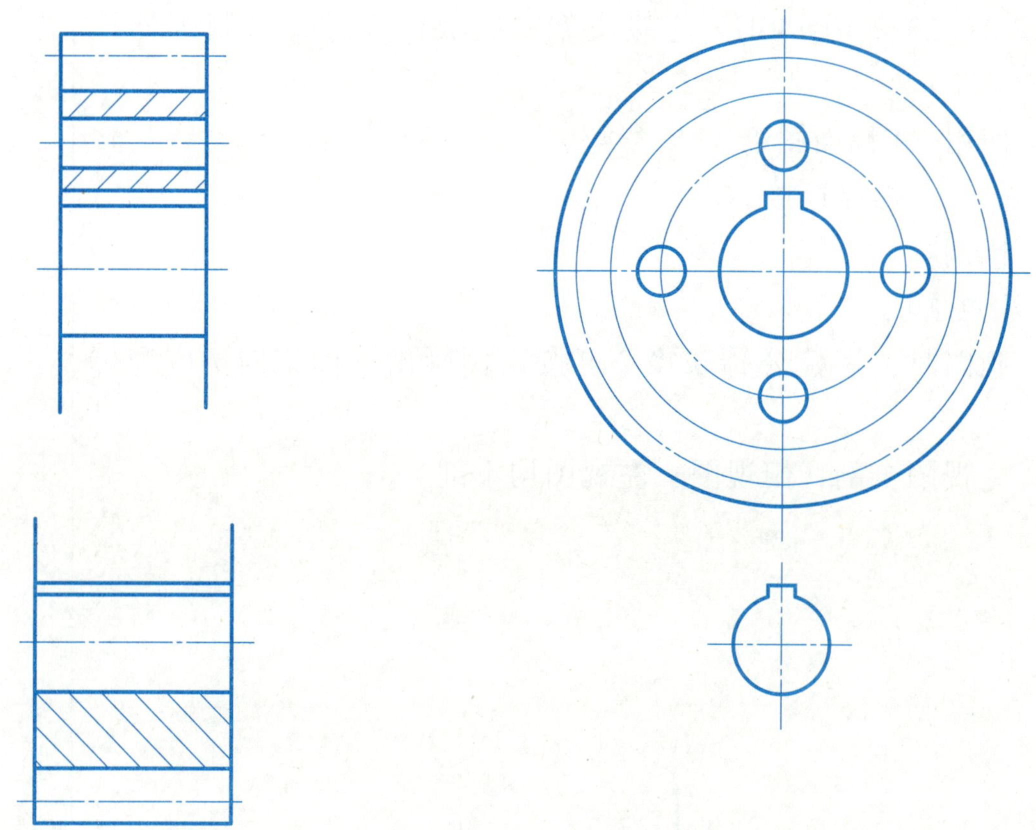

8-10　制图作业——螺纹连接。

1. 目的

通过练习进一步巩固螺纹连接画法。

2. 内容与要求

1）用螺栓 GB/T　5782　M10、螺母 GB/T　6170　M10、垫圈 GB/T 97. 1—2012-10-140HV 连接支架、底板两零件，绘制螺栓连接图。

2）使用 A4 幅面图纸。

3）图名：螺栓连接。

4）比例：2∶1。

3. 注意事项

1）画图时，螺栓公称长度 l 可按比例画出，标记时 l 应为标准值。

2）主视图全剖，俯视图、左视图均不剖。

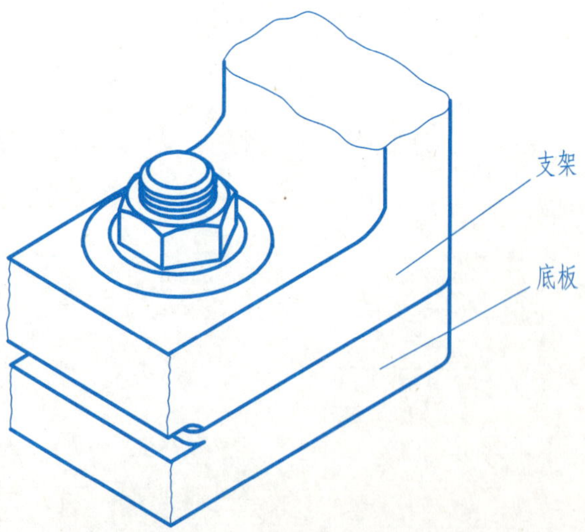

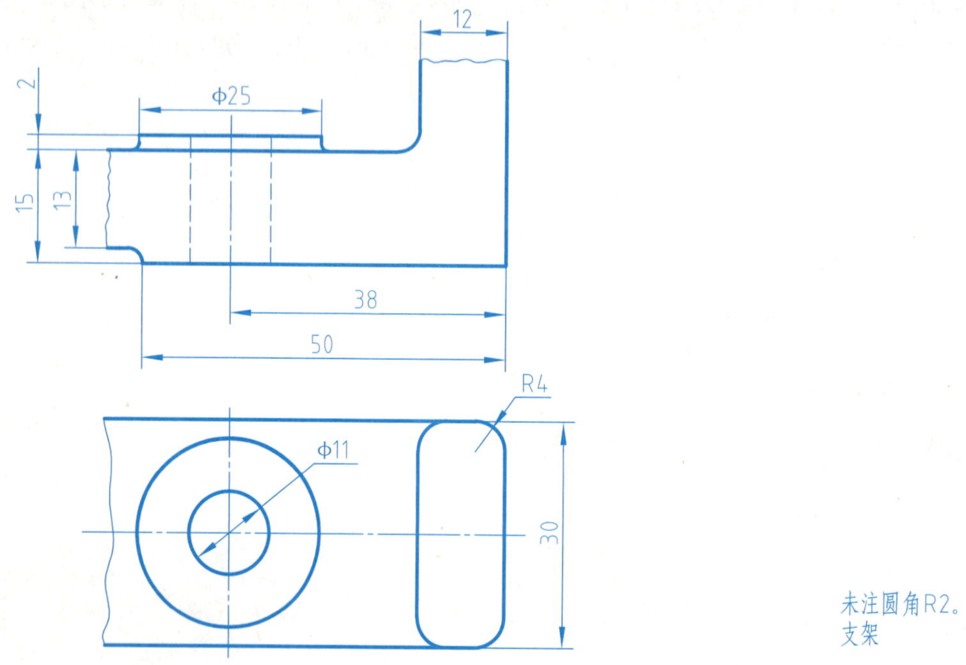

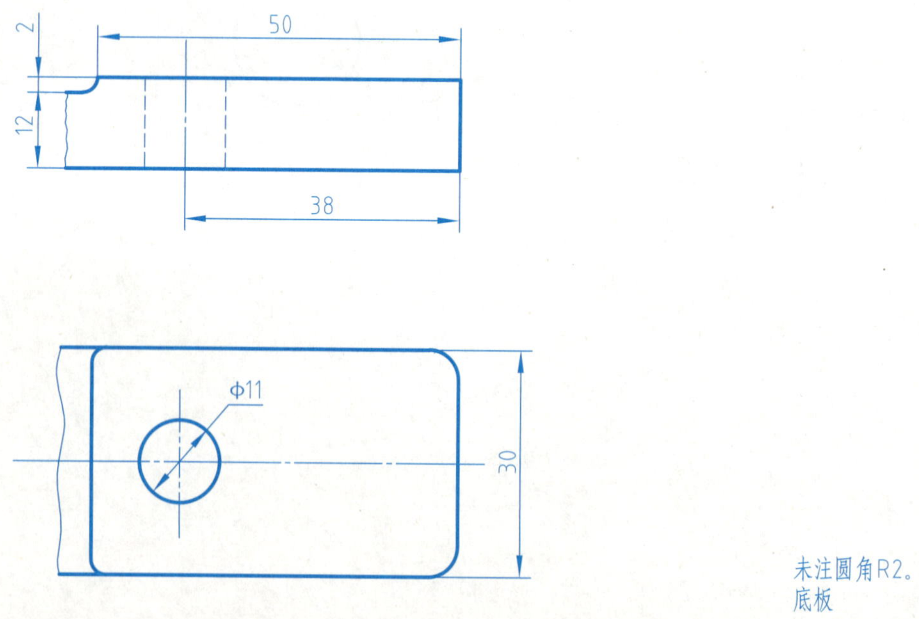

第九章 装配图

班级________ 学号________ 姓名________

9-1 由零件图拼画低速滑轮装配图。

1. 要求

1）分析零件间的装配、连接关系，确定装配图的视图表达方案。

2）学习装配图的尺寸标注方法。

3）学习装配图的零件序号编写和明细栏的填写。

4）初步掌握装配图的画法步骤。

2. 注意

1）在 A3 图纸上按 1∶1 的比例绘图。

2）标注装配图总体尺寸和配合尺寸。

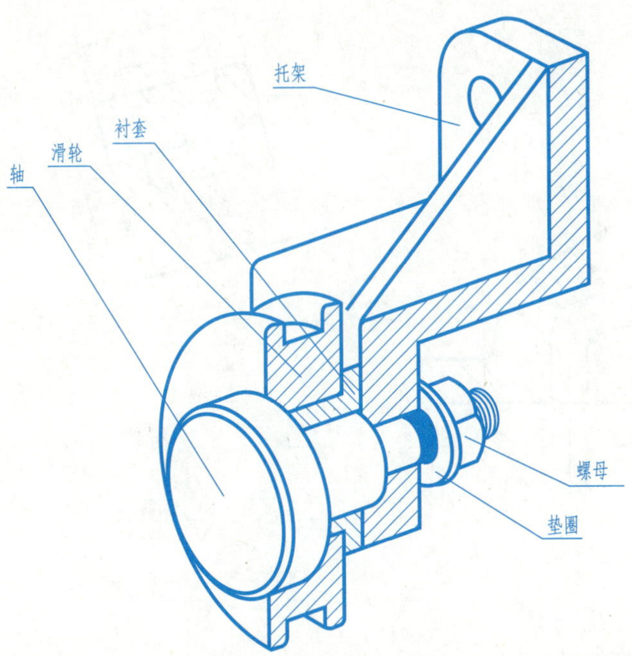

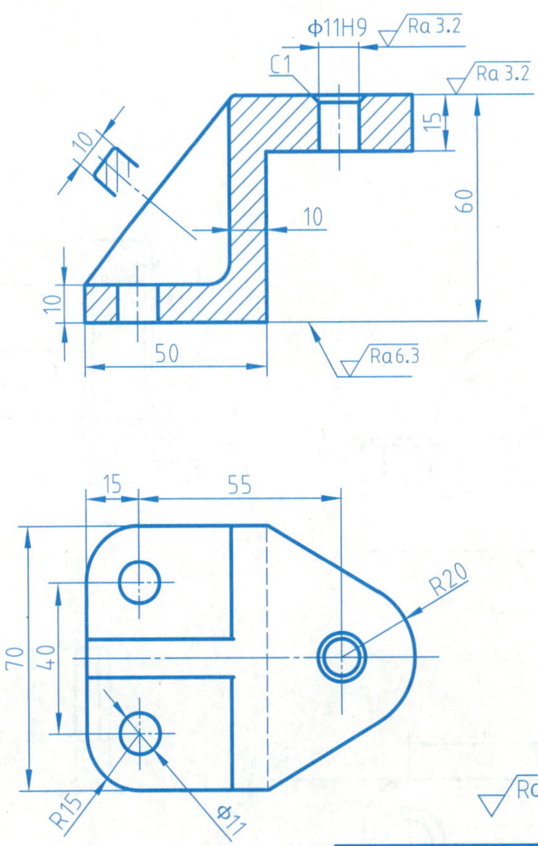

托架	比例	1:2	图号	
	材料	HT200	数量	1

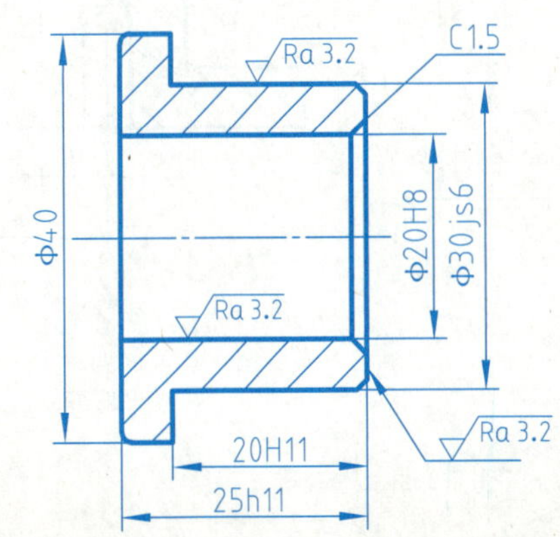

衬套	比例	1:1	图号	
	材料	ZQSn6-6-3	数量	1

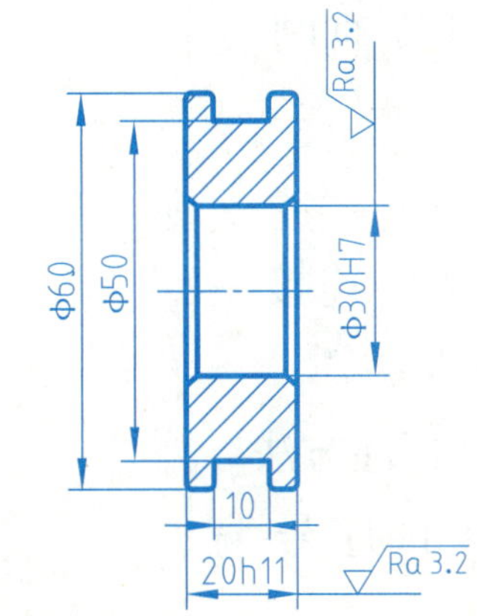

技术要求

1.未注圆角R1。

2.未注倒角C1。

Ra 12.5 (√)

滑轮	比例	1:2	图号	
	材料	ZA13	数量	1

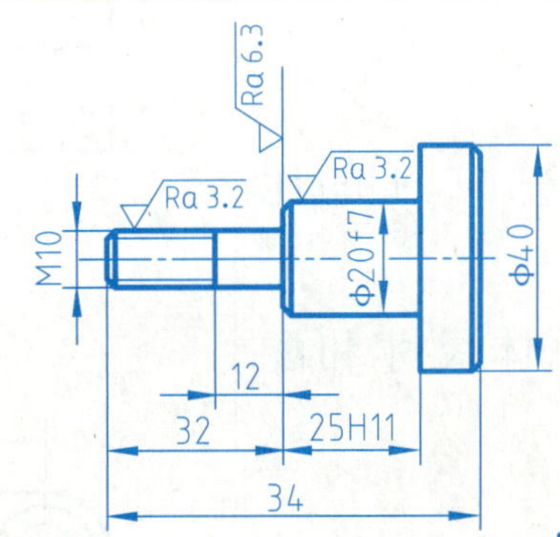

技术要求

1.未注圆角R1。

2.未注倒角C1.5。

Ra 12.5 (√)

轴	比例	1:2	图号	
	材料	45	数量	1

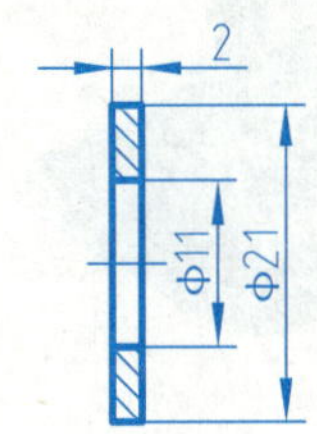

Ra 12.5

垫圈 GB/T97.1 10

硬度为140HV

垫圈	比例	1:2	图号	
	材料	HT200	数量	1

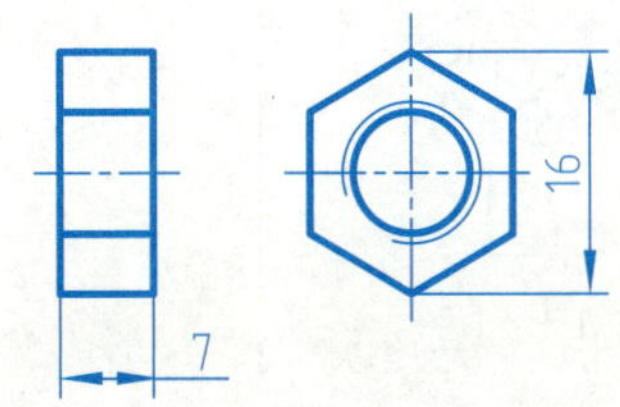

螺母 GB/T 6170 M10

螺母	比例	1:1	图号	
	材料	45	数量	1

班级________ 学号________ 姓名________

9-2 由零件图拼画调节油阀装配图。

1. 要求

1）分析零件间的装配、连接关系，确定装配图的视图表达方案。

2）学习装配图的尺寸标注方法。

3）学习装配图的零件序号编写和明细栏的填写。

4）初步掌握装配图的画法步骤。

2. 注意

1）在 A3 图纸上按 1：1 的比例绘图。

2）标注装配图总体尺寸和配合尺寸。

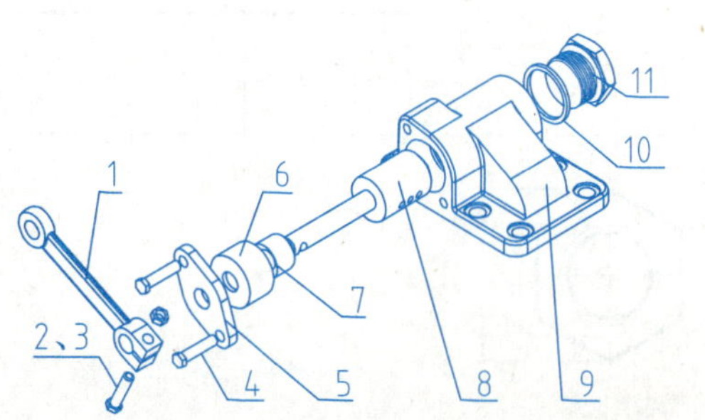

1—手把 2、3—螺钉、螺母 4—螺钉 5—压板 6—填料盖 7—压盖 8—阀芯 9—阀体 10—垫圈 11—螺塞

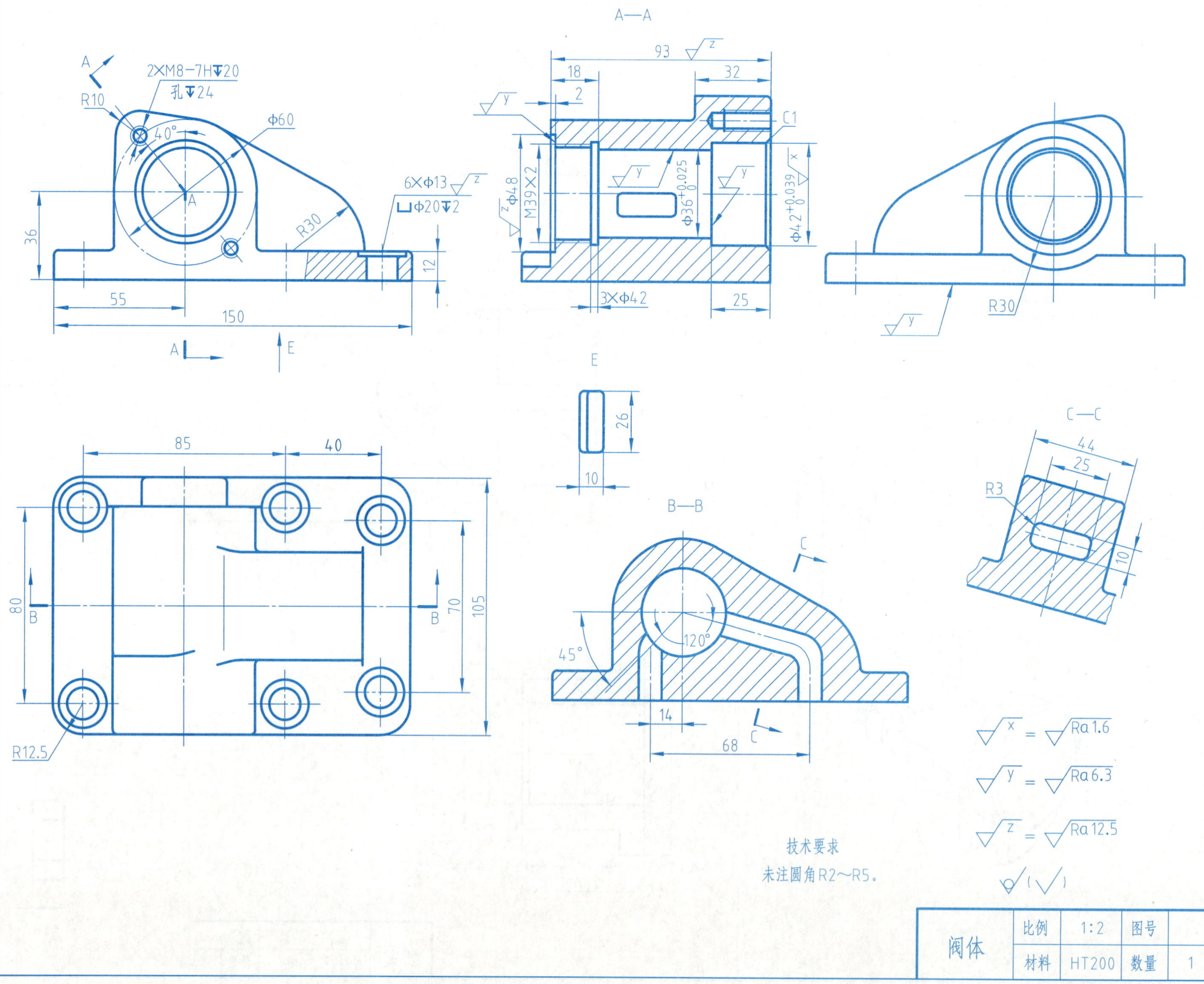

班级________ 学号________ 姓名________

9-2　由零件图拼画调节油阀装配图（续）。

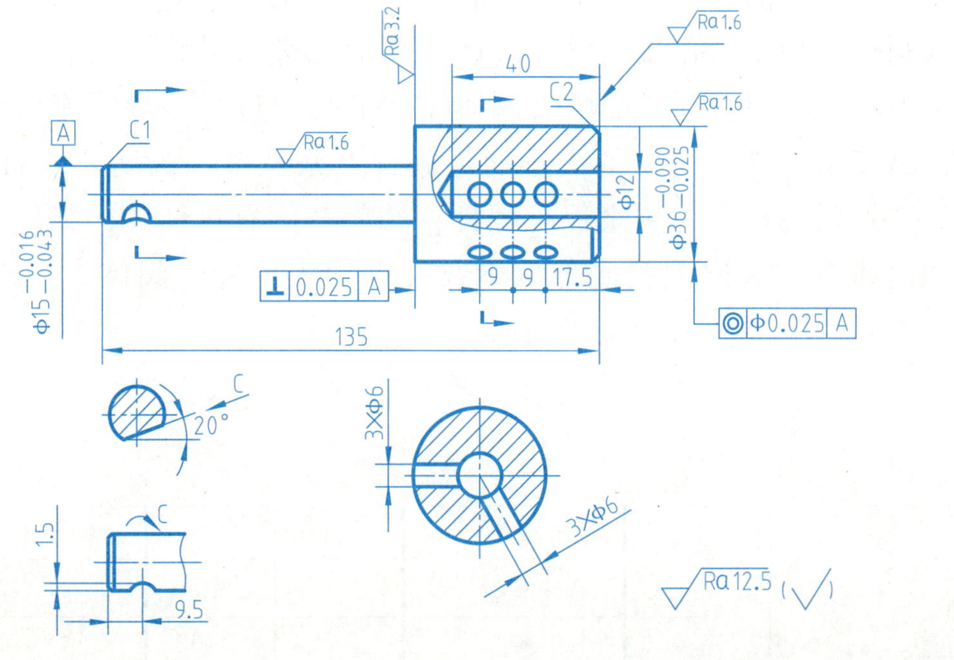

阀芯	比例	1:2	图号	
	材料	45	数量	1

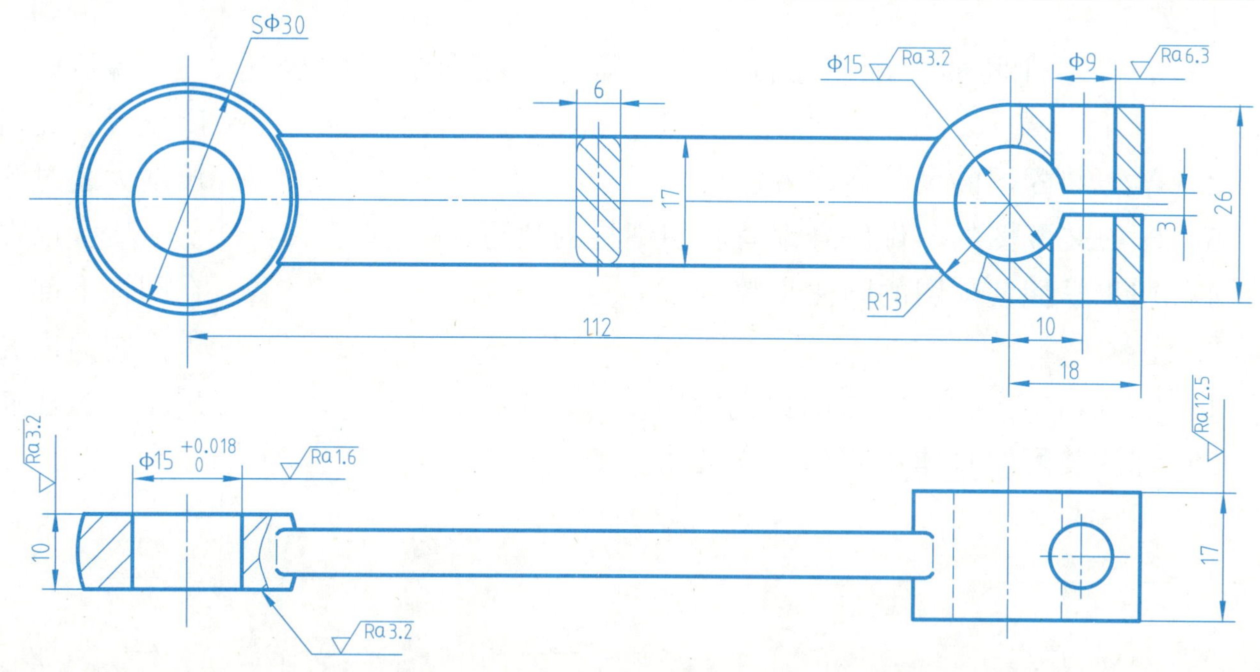

技术要求
未注圆角R2～R5.

手把	比例	1:1	图号	
	材料	HT150	数量	1

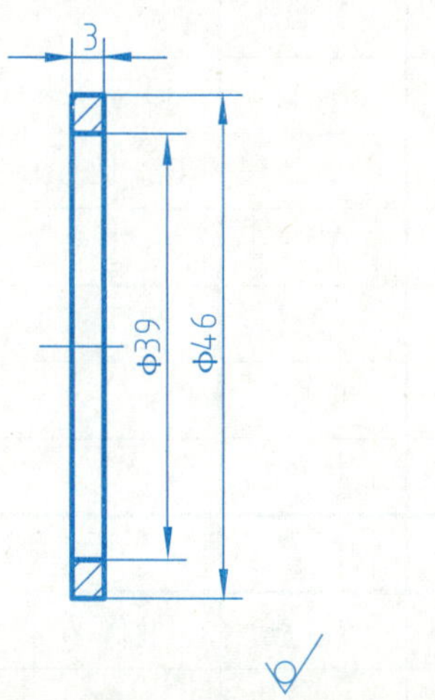

垫圈	比例	1:1	图号	
	材料	45	数量	1

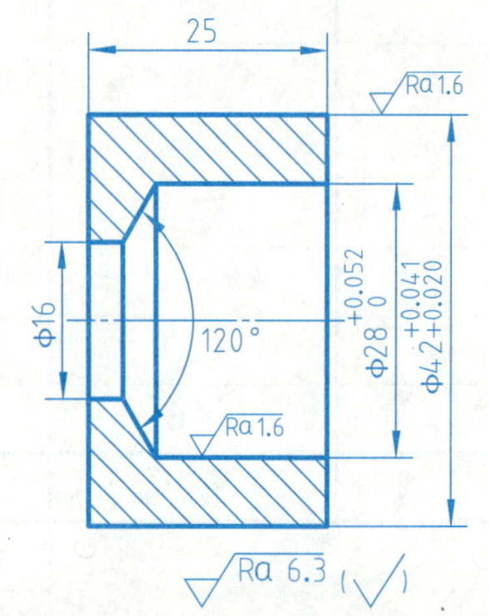

填料盖	比例	1:1	图号	
	材料	45	数量	1

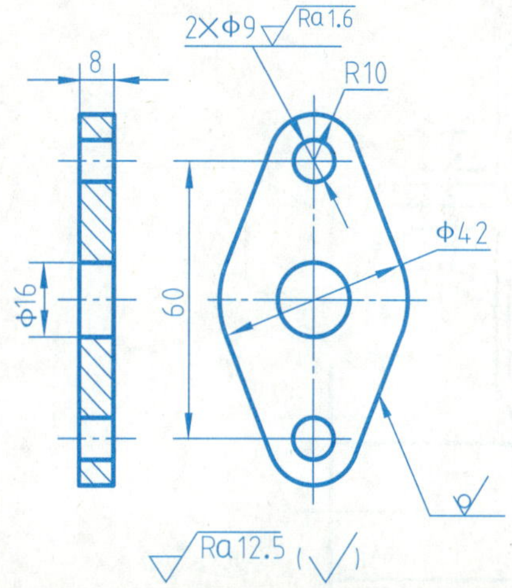

压板	比例	1:2	图号	
	材料	45	数量	1

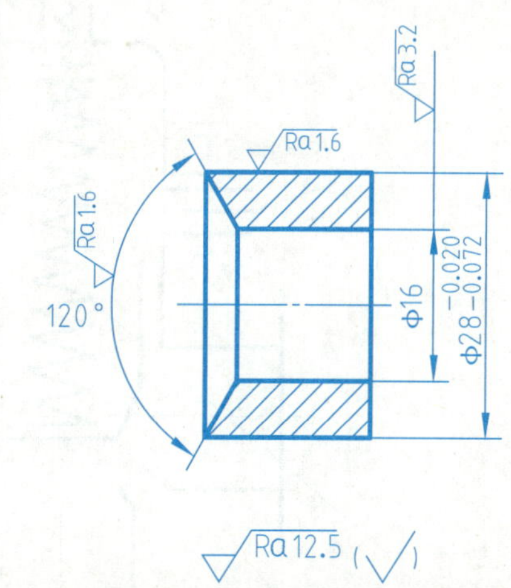

压盖	比例	1:1	图号	
	材料	45	数量	1

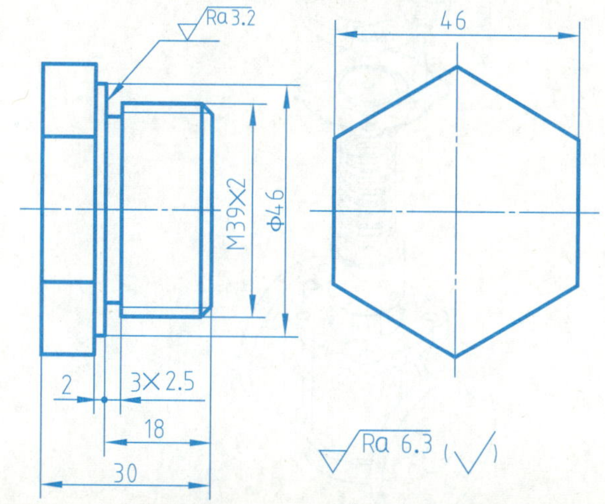

螺塞	比例	1:1	图号	
	材料	Q235	数量	1

第九章 装配图

班级________ 学号________ 姓名________

9-3 由零件图拼画溢流阀装配图。

1. 要求

1）分析零件间的装配、连接关系，确定装配图的视图表达方案。

2）学习装配图的尺寸标注方法。

3）学习装配图的零件序号编写和明细栏的填写。

4）初步掌握装配图的画法步骤。

2. 注意

1）在 A3 图纸上用 1∶1 的比例绘图。

2）标注装配图总体尺寸和配合尺寸。

溢流阀工作原理：

溢流阀是供油管的路上的装置，正常工作时，阀门 2 在弹簧 B 的压力下处在关闭位置，此时油从阀体右端 1 的孔流入，经阀体下部的孔进入导管。当导管中的油压增大超过弹簧压力时，阀门打开，油顺着阀体左端的孔经过另一导管流回油箱进行泄压，以保证管路安全。弹簧压力的大小通过阀杆 9 来调节，为防止阀杆松动，在阀杆上部用螺母 8 拧紧。罩子 7 用来保护螺杆，阀门两侧有小圆孔，其作用是使进入阀门内腔的油流出来。阀门内腔底部有螺纹孔，用于拆卸。阀体 1 与阀盖 11 用 4 个螺柱连接，中间利用垫片 12 防止漏油。

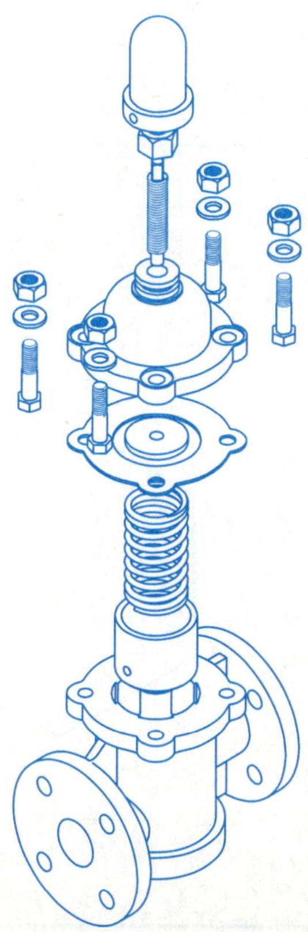

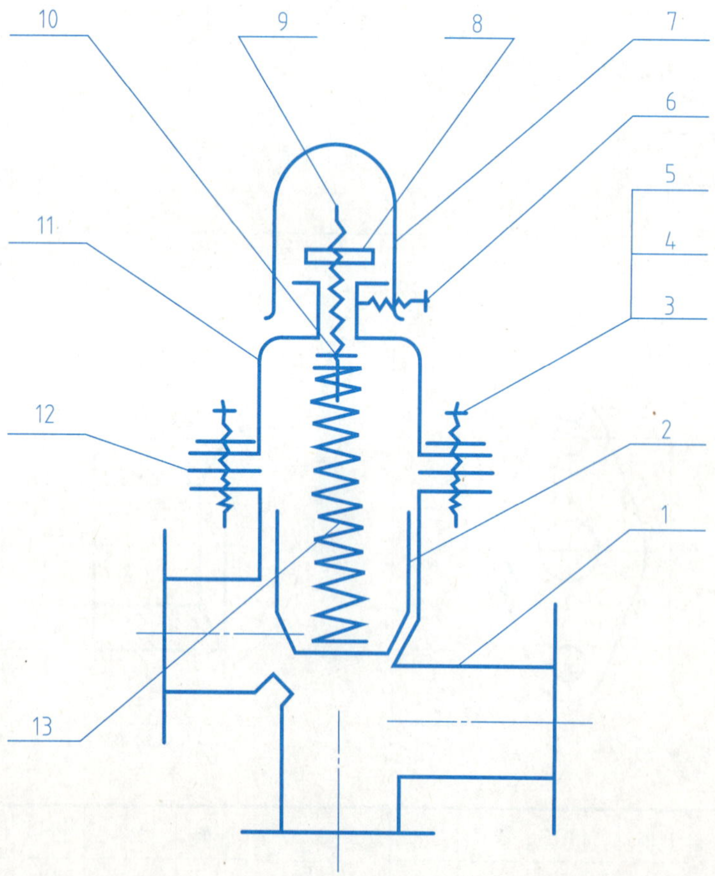

13	弹簧	1	65Mn	
12	垫片	1	纸板	
11	阀盖	1	ZL102	
10	弹簧垫	1	45	
9	阀杆	1	45	
8	螺母M16	1	Q235	GB/T 6170—2015
7	罩子	1	ZL102	
6	螺钉M6×16	1	Q235	GB/T 75—1985
5	垫圈12	4	Q235	GB/T 97.1—2002
4	螺母M12	4	Q235	GB/T 6170—2015
3	螺柱M12×35	4	Q235	GB/T 900—1988
2	阀门	1	45	
1	阀体	1	ZL102	
序 号	名 称	数 量	材 料	备 注

溢流阀		共 1 张	第 1 张	比例	
		数 量		图号	
制图					
审核					

9-3　由零件图拼画回油阀装配图（续）。

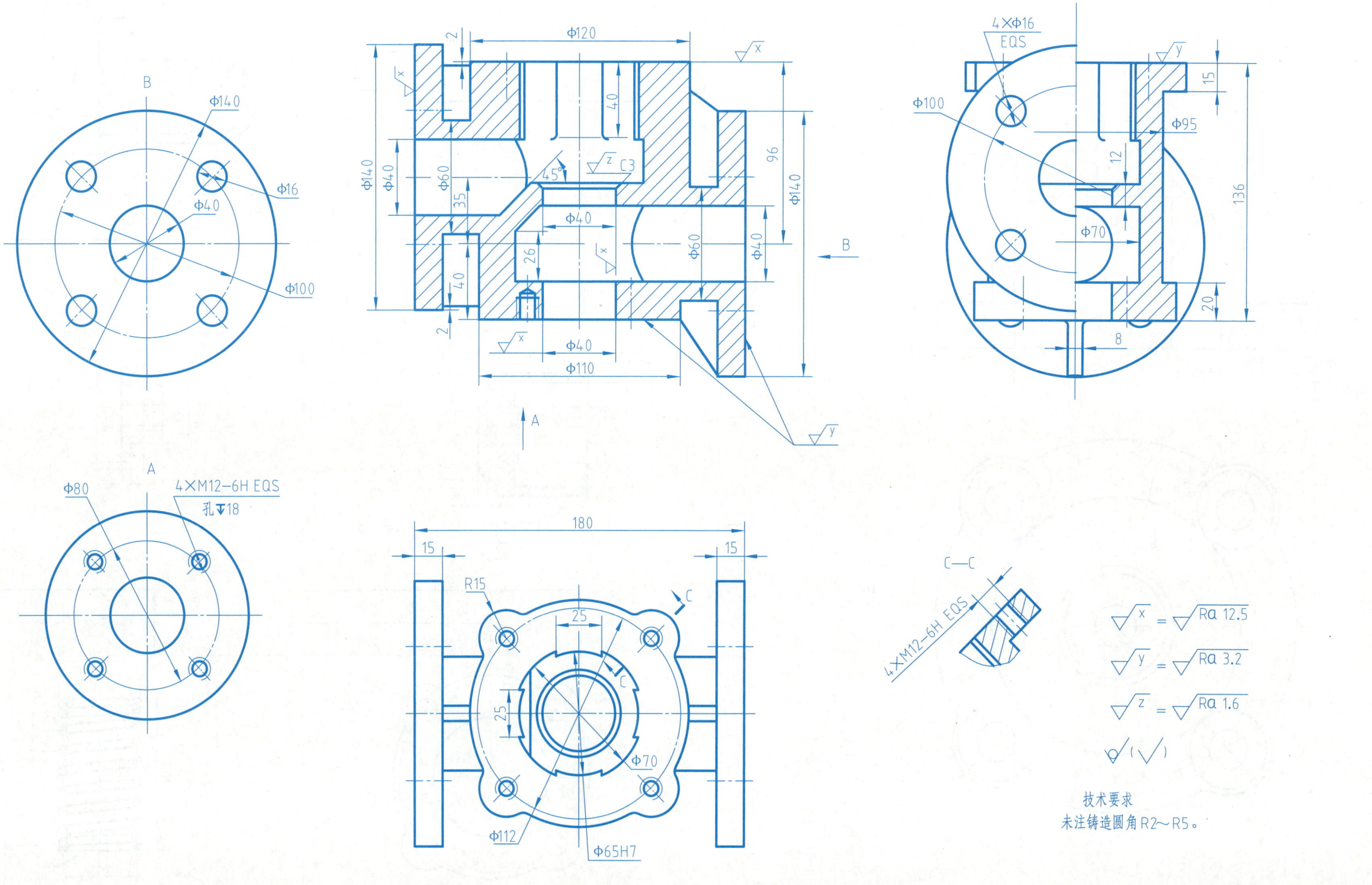

阀体	比例	1:1	图号	
	材料	ZL102	数量	1

9-3 由零件图拼画回油阀装配图（续）。

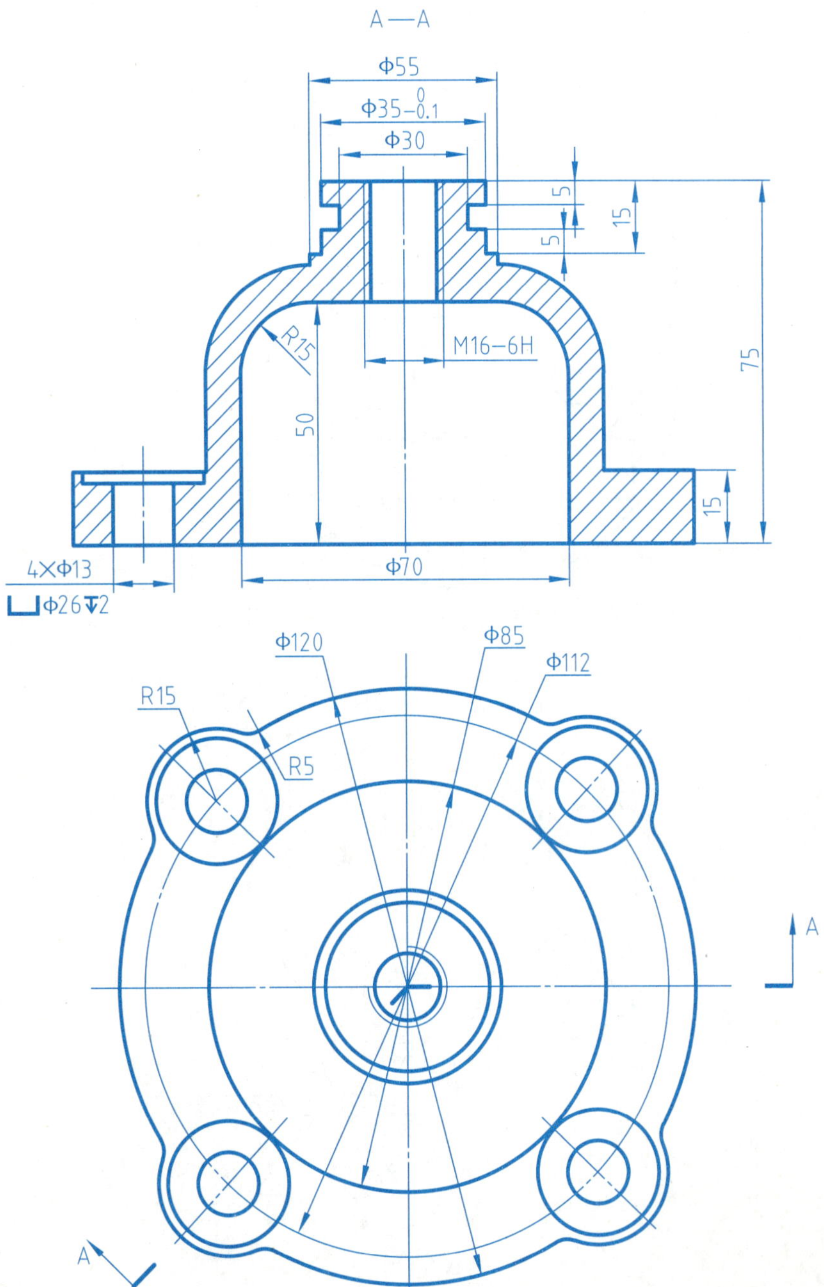

技术要求
未注铸造圆角R3。

阀盖	比例	2:1	图号	
	材料	ZL102	数量	1

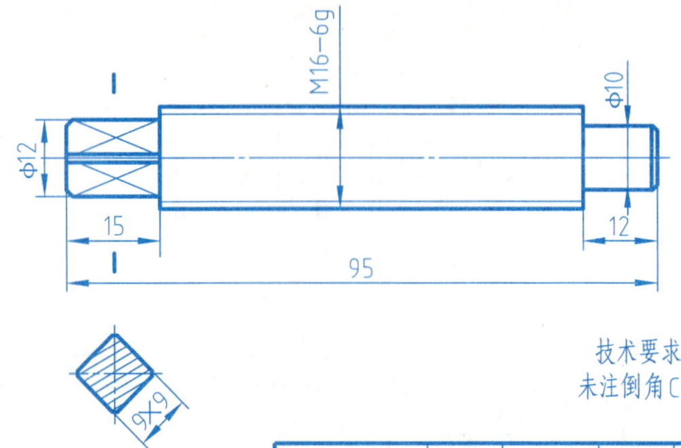

技术要求
未注倒角C1。

阀杆	比例	2:1	图号	
	材料	45	数量	1

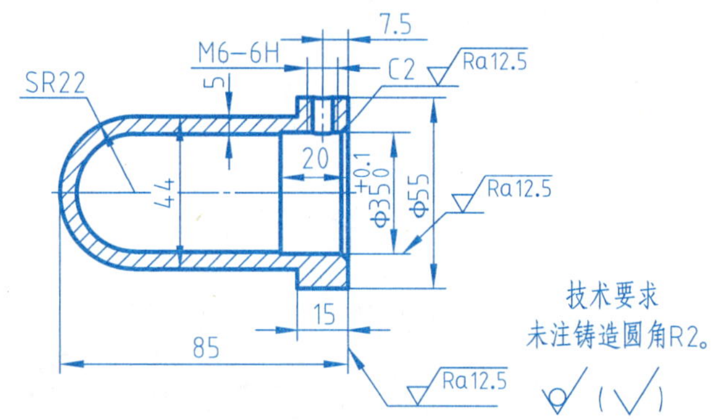

技术要求
未注铸造圆角R2。

罩子	比例	1:2	图号	
	材料	ZL102	数量	1

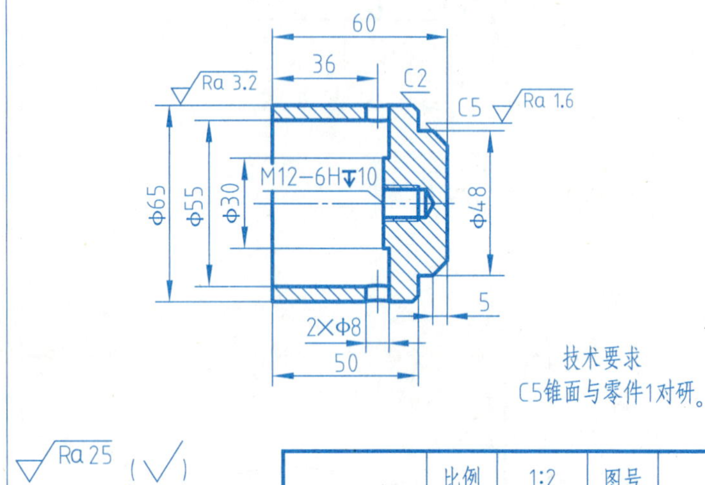

技术要求
C5锥面与零件1对研。

阀门	比例	1:2	图号	
	材料	45	数量	1

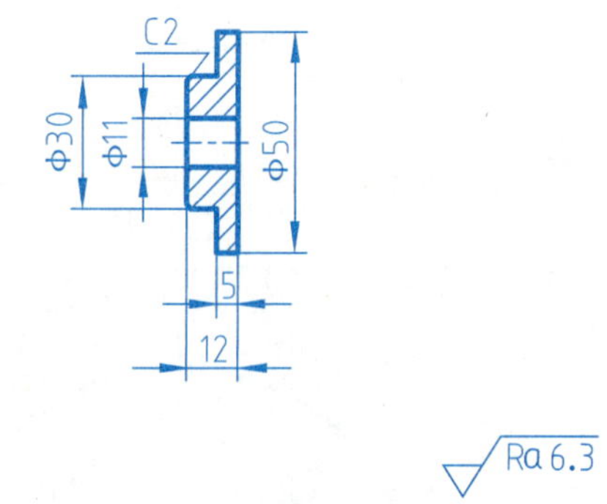

弹簧垫	比例	1:2	图号	
	材料	45	数量	1

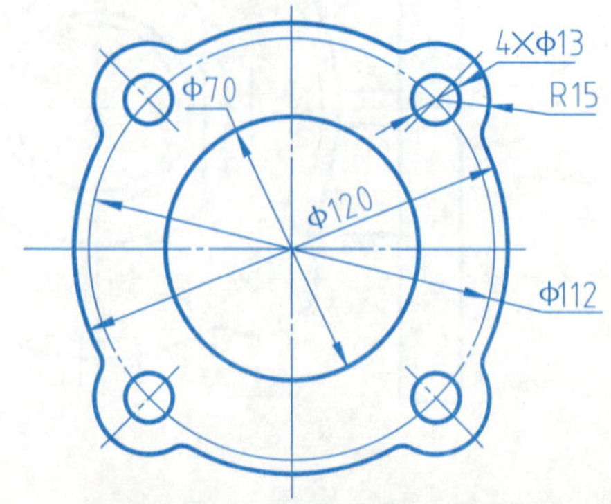

垫片	比例	1:2	图号	
	材料	纸板	数量	1

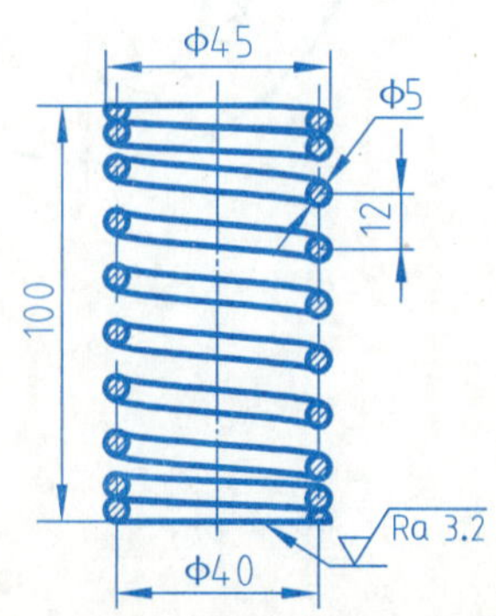

弹簧	比例	1:2	图号	
	材料	65Mn	数量	1

9-4　由装配图拆画零件图。

工作原理

夹线体是将线穿入衬套3中，然后旋转手动压套1，通过螺纹M36×2使手动压套向右移动，沿着锥面接触使衬套向中心收缩，因为衬套上开有槽，从而夹紧线体。当衬套夹住线后，还可以与手动压套、夹套2一起在盘座4中的ϕ48mm孔中旋转。

要求：

1）读懂装配图。

2）画出A—A断面图。

3）拆画夹套2和盘座4的零件图。

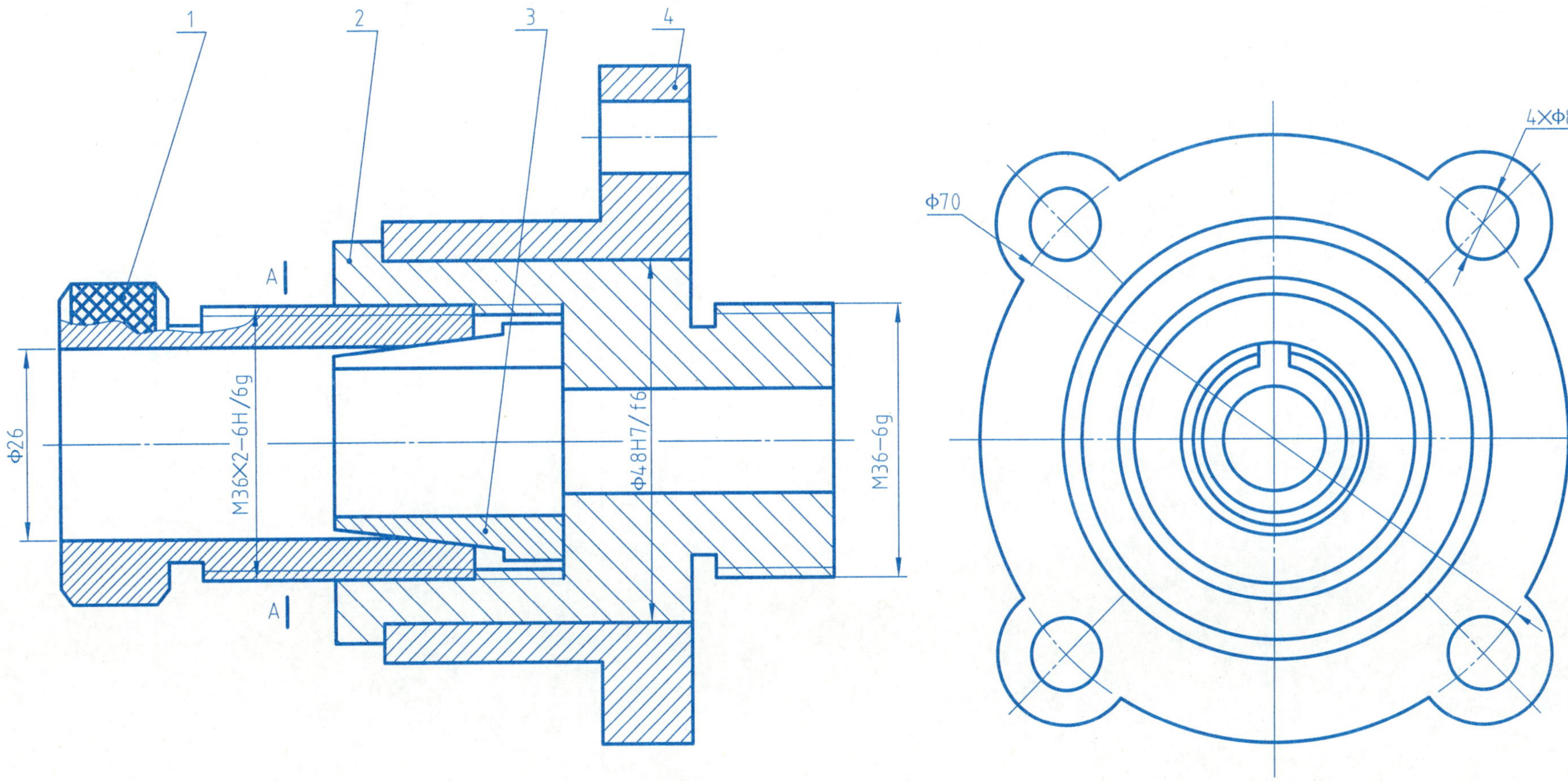

A—A

4	盘座	1	Q235	
3	衬套	1	Q235	
2	夹套	1	Q235	
1	手动压套	1	Q235	
序号	名称	数量	材料	备注

夹线体	共1张	第1张	比例	
	数量		图号	
制图				
审核				

班级________ 学号________ 姓名________

9-4　由装配图拆画零件图（续）。

夹套 2 零件图

盘座 4 零件图

9-5 读换向阀装配图，回答问题并拆画阀体零件图。

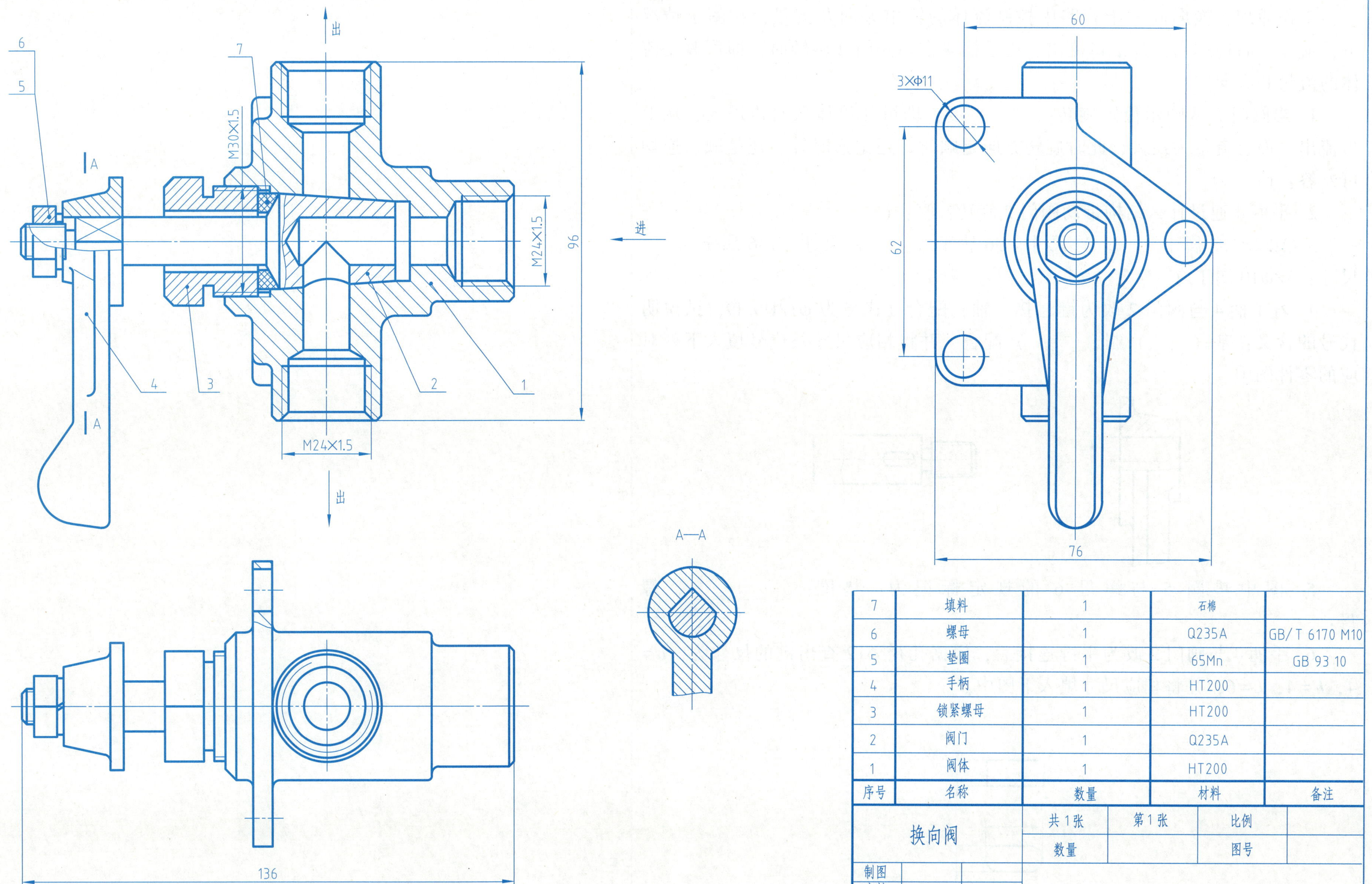

序号	名称	数量	材料	备注
7	填料	1	石棉	
6	螺母	1	Q235A	GB/T 6170 M10
5	垫圈	1	65Mn	GB 93 10
4	手柄	1	HT200	
3	锁紧螺母	1	HT200	
2	阀门	1	Q235A	
1	阀体	1	HT200	

换向阀	共 1 张	第 1 张	比例	
	数量		图号	
制图				
审核				

9-5　读换向阀装配图，回答问题并拆画阀体零件图（续）。

工作原理：换向阀用于管路中控制流体的输出方向及流量，在图示情况下，流体从右边进入，从下口流出，当手柄 4 带动阀门 2 旋转时，即可改变流体的流量和方向。

1. 当阀门 2 从图示位置旋转（　　）度，即可使流体从右边进入，从上口流出，而且流量为最大，此时旋转方向是顺时针还是逆时针，还是顺、逆均可？答：（　　）。

2. 手柄 4 通过什么结构带动阀门 2 旋转？答：（　　　　）。

3. M24×1.5 属于（　　）尺寸，96 属于（　　）尺寸，136 属于（　）尺寸；3×ϕ10 属于（　　）尺寸。

4. 若手柄 4 与阀门 2 改为键连接，轴孔配合处代号为 ϕ12H9/f9，试说明代号的含义：基（　　）制，（　　）配合，并将相应尺寸及代号填入下列对应的零件图中。

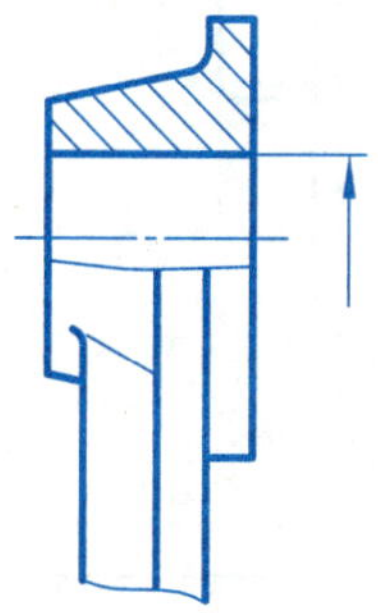

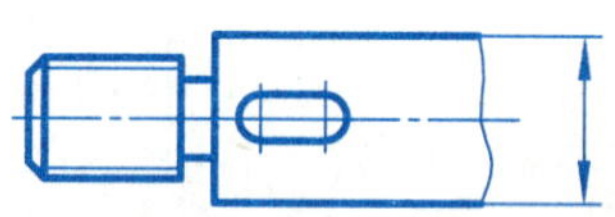

5. 图中垫圈 5 与螺母 6 的规定标记为：垫圈：__________，螺母：__________。

6. 手柄 4 与阀门 2 改为平键连接后，根据孔径 ϕ12 查出键的尺寸为：$b=4$，$h=4$，$L=6$，并将相应尺寸填入下图中。

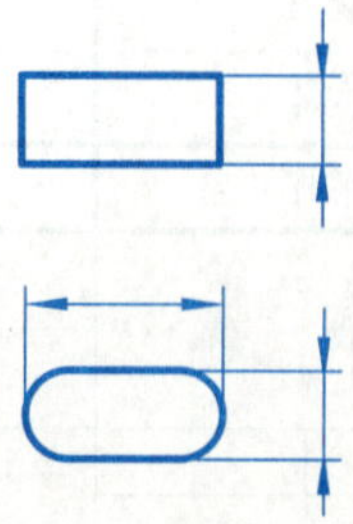

7. 拆画件 2（阀门）的零件图。

9-5 读换向阀装配图，回答问题并拆画阀体零件图（续）。

8. 拆画件 1（阀体）的零件图，并且标注图中给出的相应尺寸。

9-6 由装配图拆画零件图。

1. 工作原理

齿轮油泵用于铣床的润滑系统，通过泵体内腔的一对齿轮传动，形成低压和高压两个区域，即可将油从进油孔（低压区）吸入，经出油孔（高压区）输送到机床所需要润滑的部位。

2. 要求

看懂装配图，弄清楚其工作原理及其视图的表示方法，看懂零件间的装配关系及其各零件的结构形状，画泵盖和泵体的零件图。

1）自己确定视图的表达方案和比例大小。

2）要表达清楚零件的结构形状。

3）标注零件的全部尺寸。

4）标注零件的表面粗糙度，其最高要求为 $Ra1.6\mu m$。

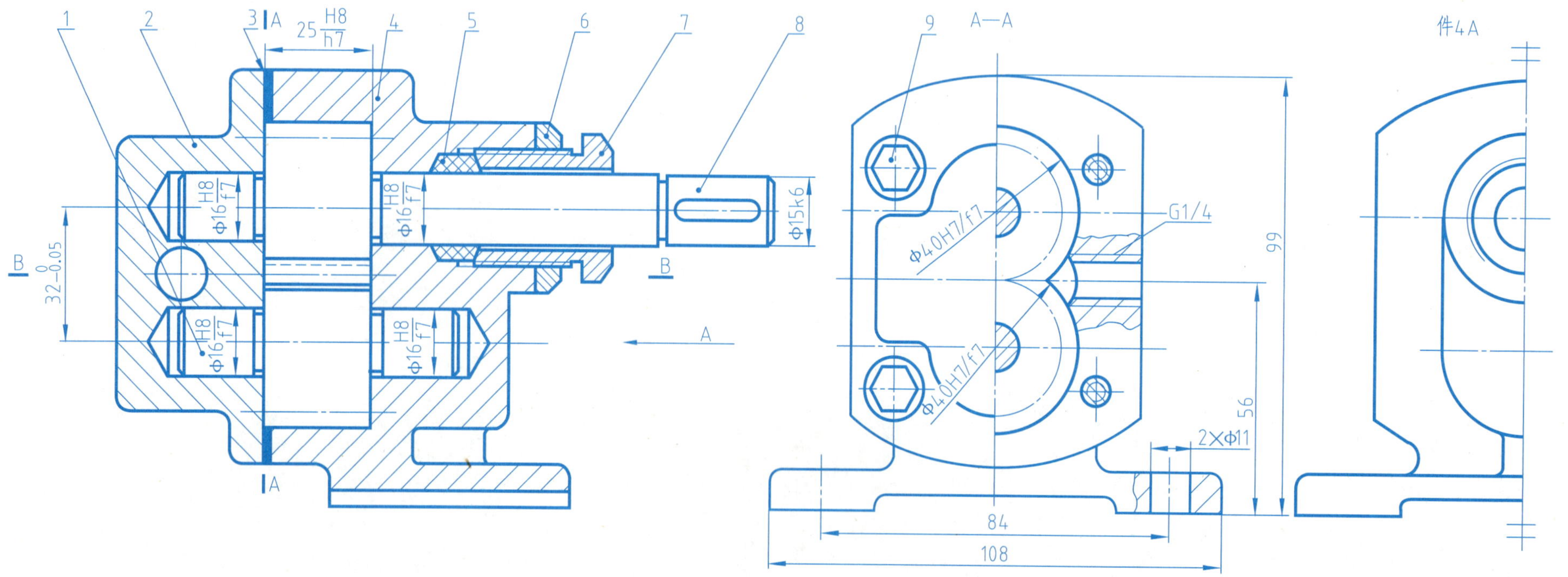

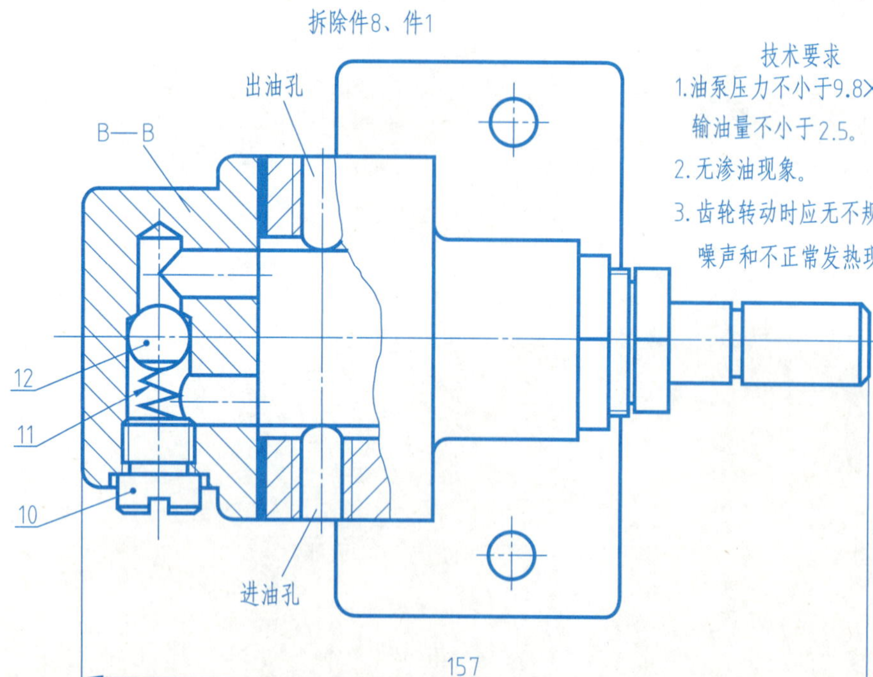

技术要求

1.油泵压力不小于9.8×10Pa，输油量不小于2.5。

2.无渗油现象。

3.齿轮转动时应无不规则的噪声和不正常发热现象。

序号	名称	数量	材料	备注
12	钢球	1	GCr6	
11	弹簧	1	65Mn	
10	螺塞	1	Q235A	
9	螺钉M6×20	4	Q235A	
8	主动齿轮	1	45	
7	填料压盖	1	ZCuSn6Zn6P63	
6	螺母	1	Q235A	
5	填料	1	石棉绳	
4	泵体	1	HT200	
3	垫片	1	工业用纸	
2	泵盖	1	HT200	
1	从动齿轮	1	45	

齿轮油泵	共1张	第1张	比例	
	数量		图号	
制图				
审核				

9-6　由装配图拆画零件图（续）。

由装配图拆画泵盖零件图。

9-6　由装配图拆画零件图（续）。

由装配图拆画泵体零件图。

10-1　用 AutoCAD 绘制下列图形。（不用标注尺寸，但需设置线型和线宽）

（1）

（2）

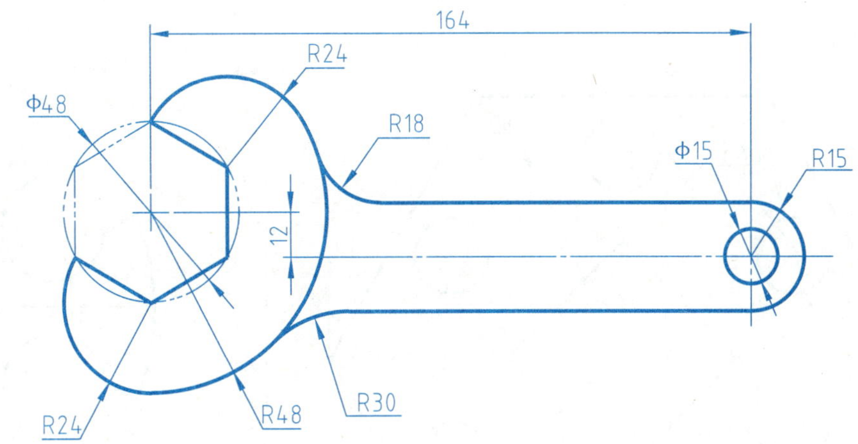

（3）

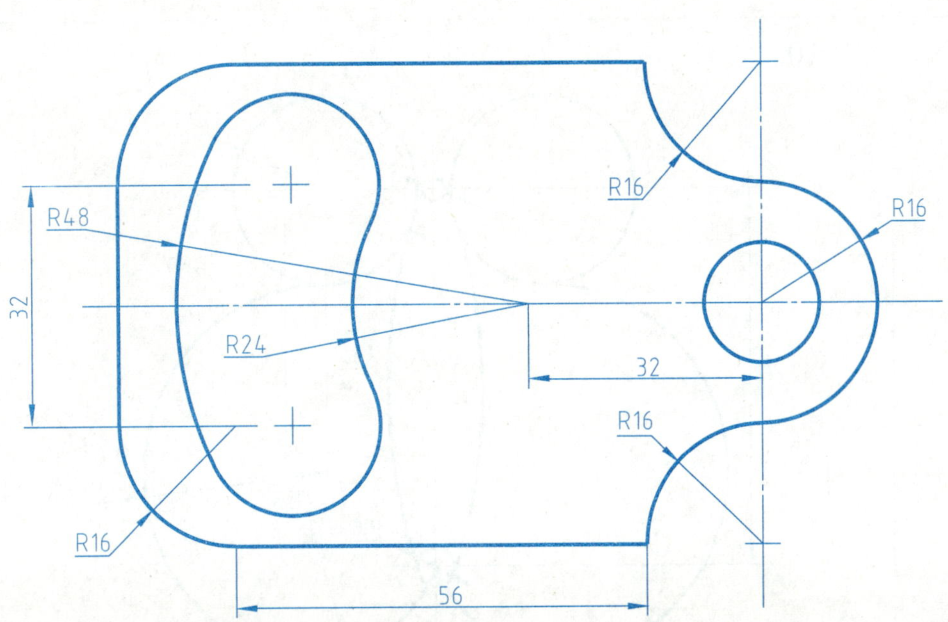

（4）

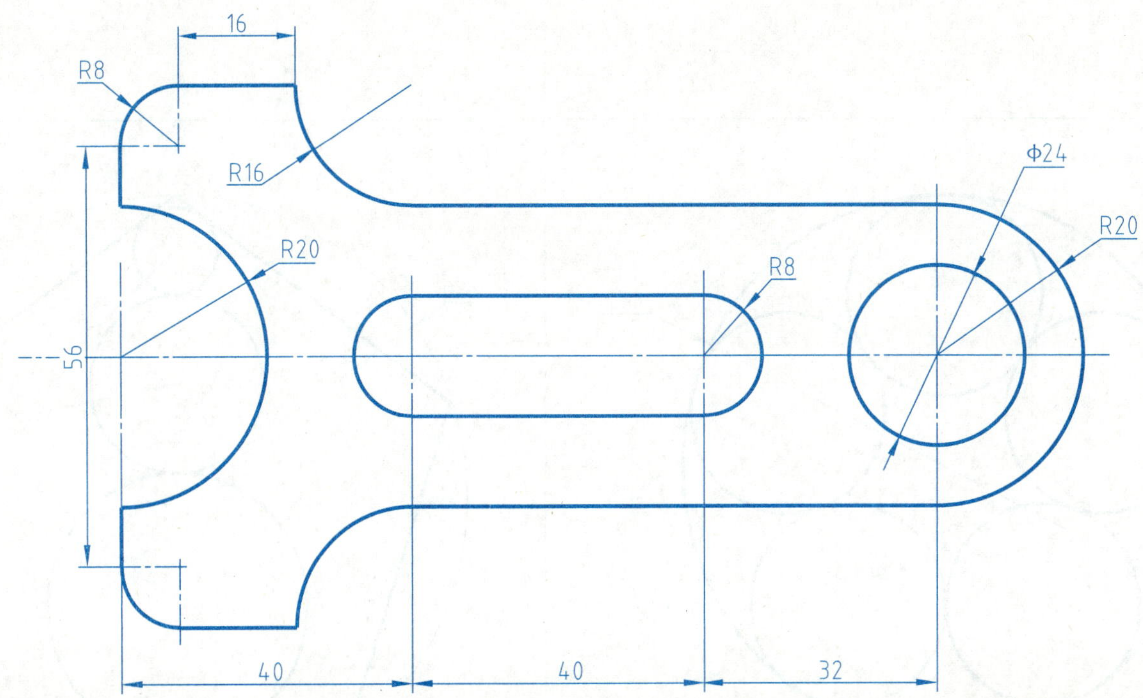

第十章　计算机绘图

班级________ 学号________ 姓名________

10-1　用 AutoCAD 绘制下列图形。(不用标注尺寸，但需设置线型和线宽)（续）

(5)

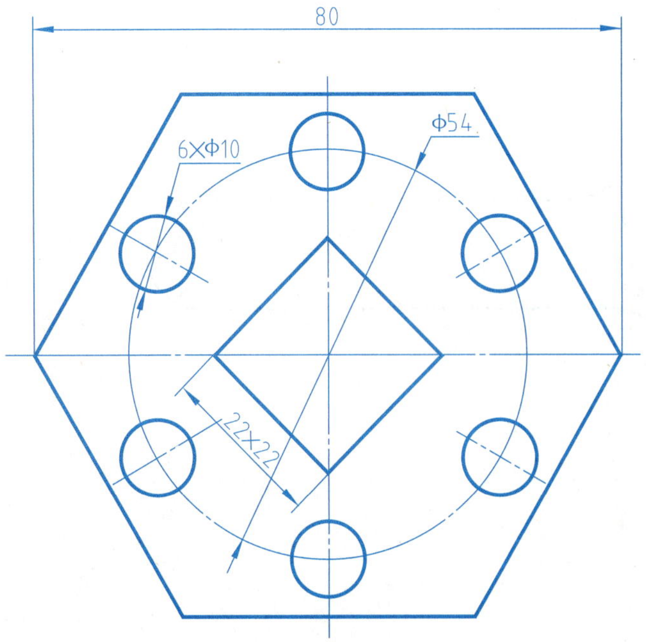

(6)

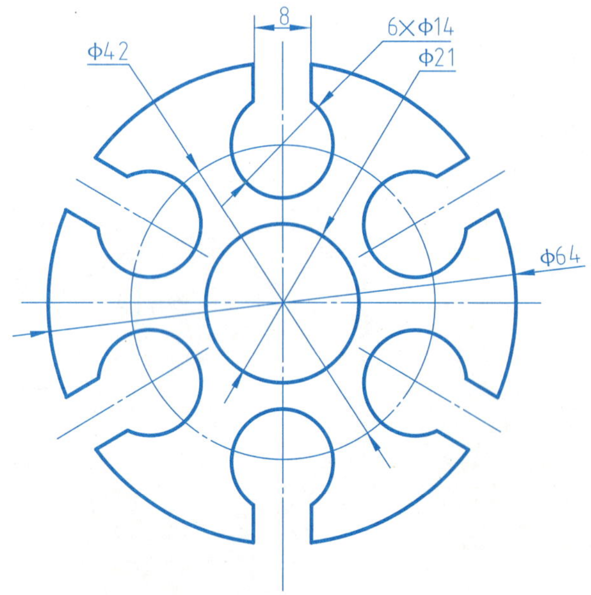

(7)

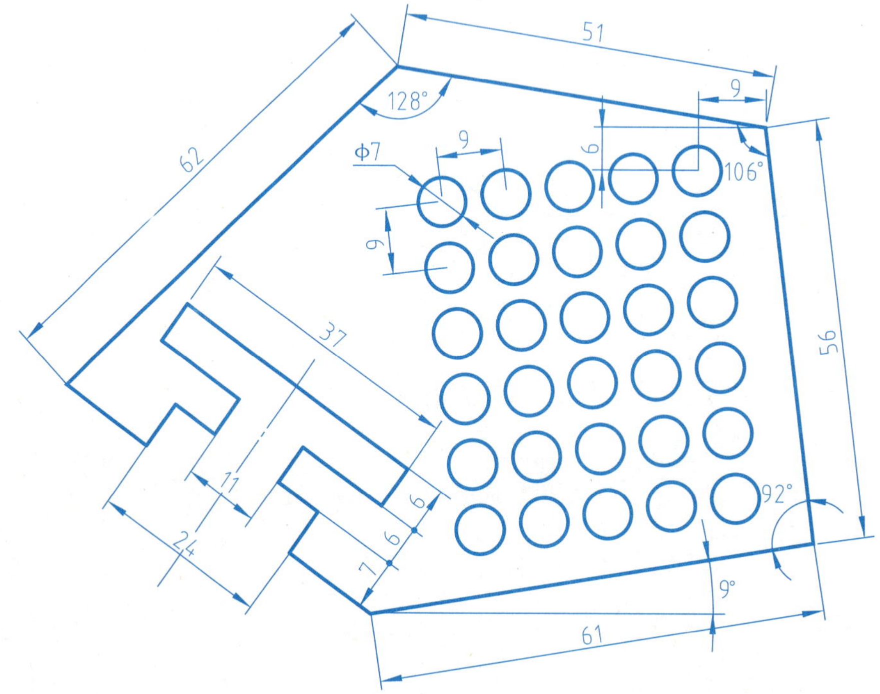

(8)

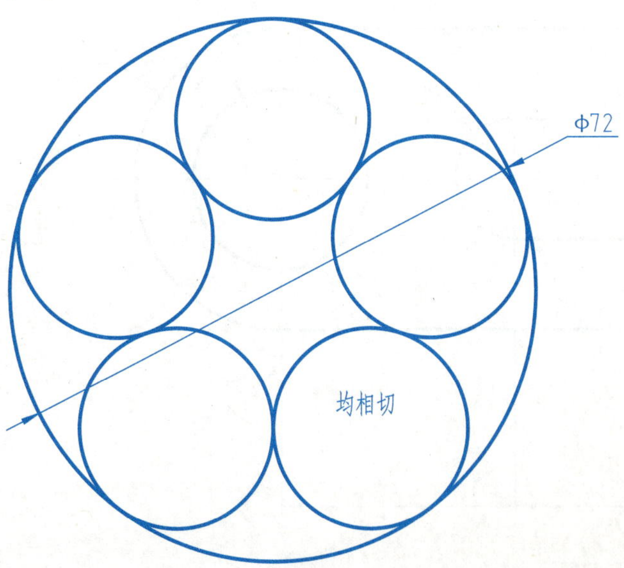

(9)

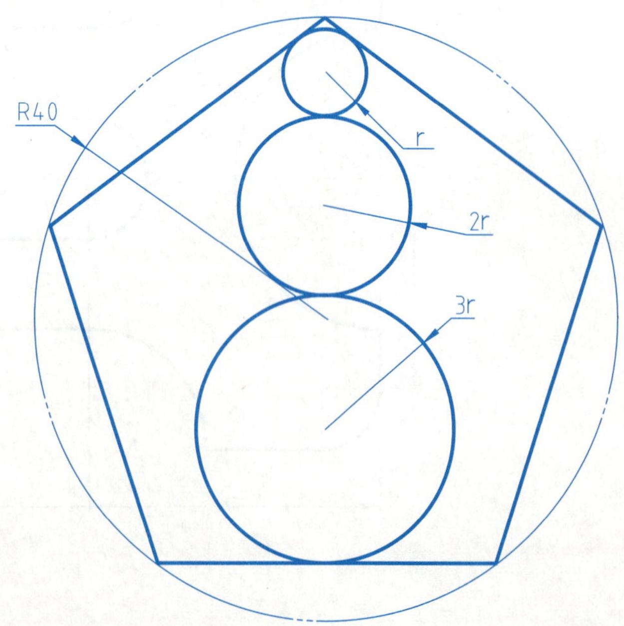

(10)

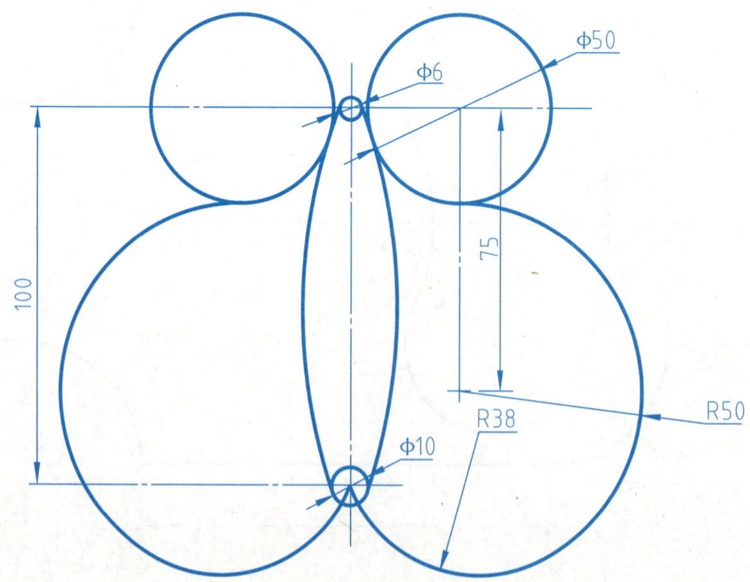

10-2　用 AutoCAD，绘制下列图形，设置线型、线宽，并标注尺寸。

(1)

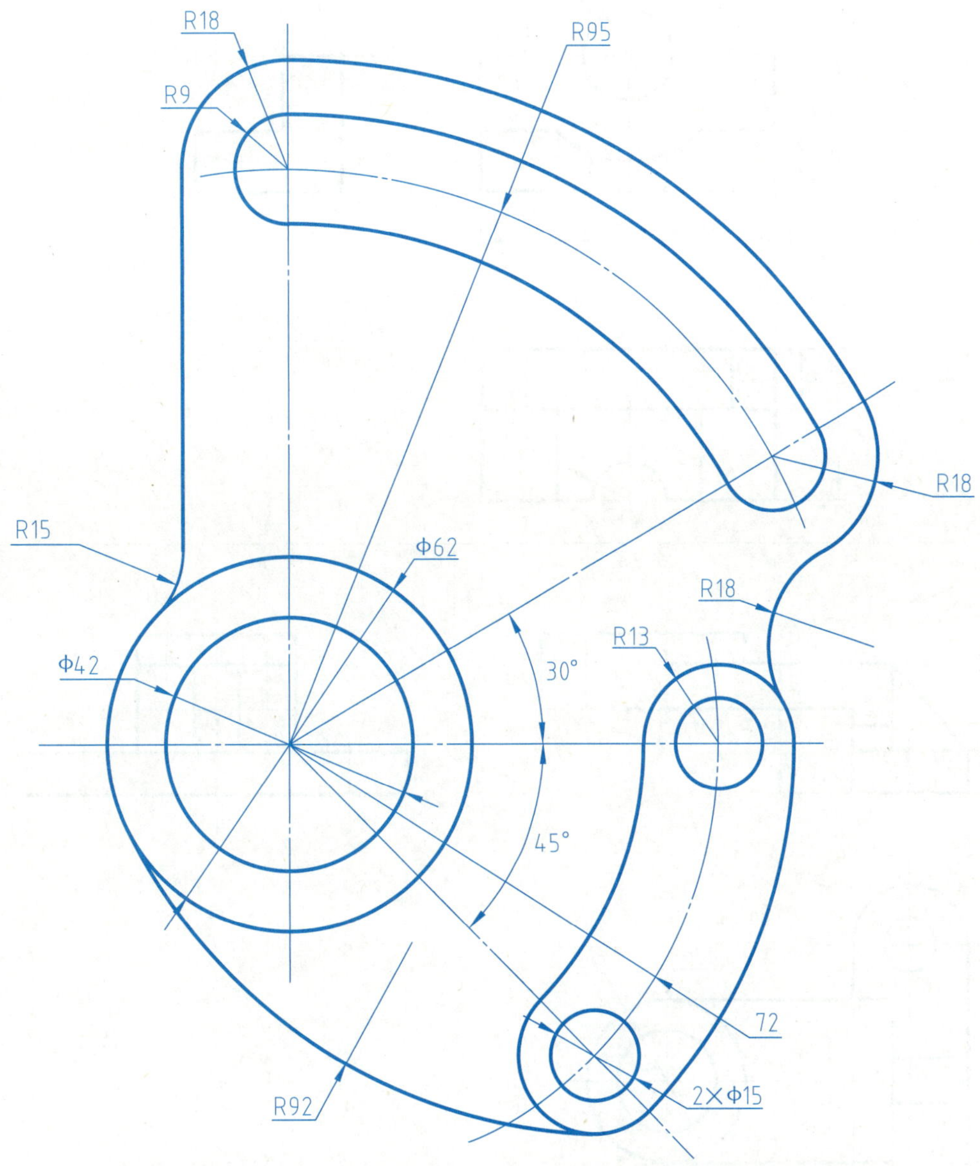

(2)

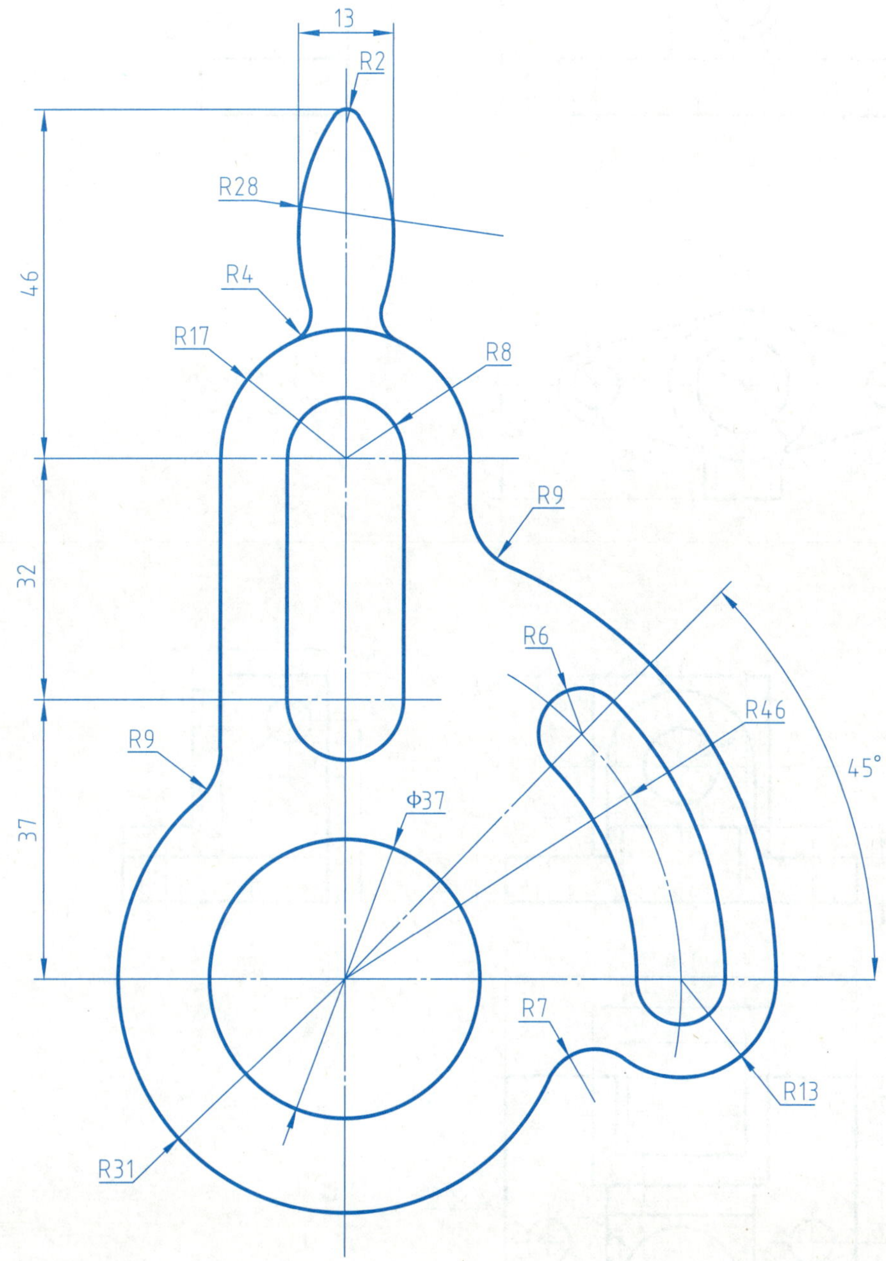

第十章　计算机绘图

班级________ 学号________ 姓名________

10-3　用 AutoCAD 绘制下列组合体三视图。

（1）

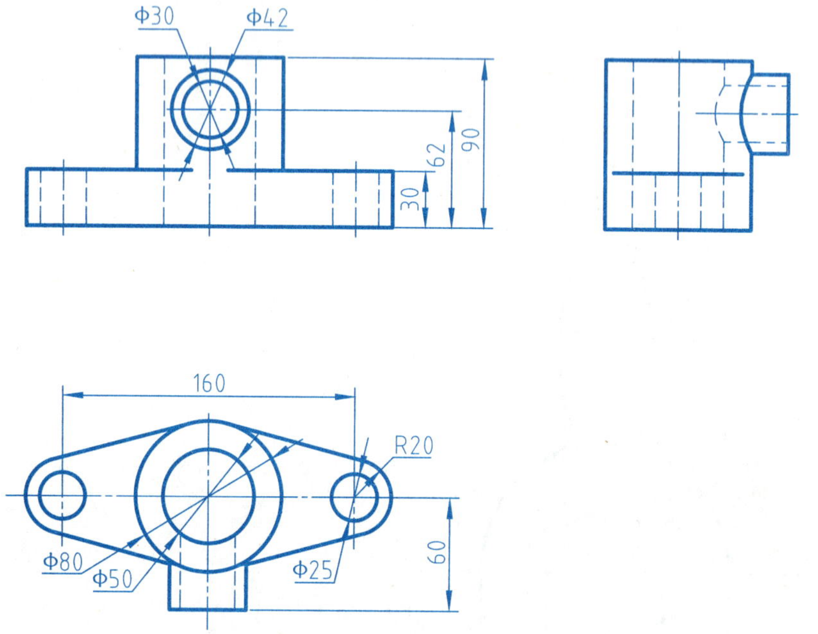

（2）

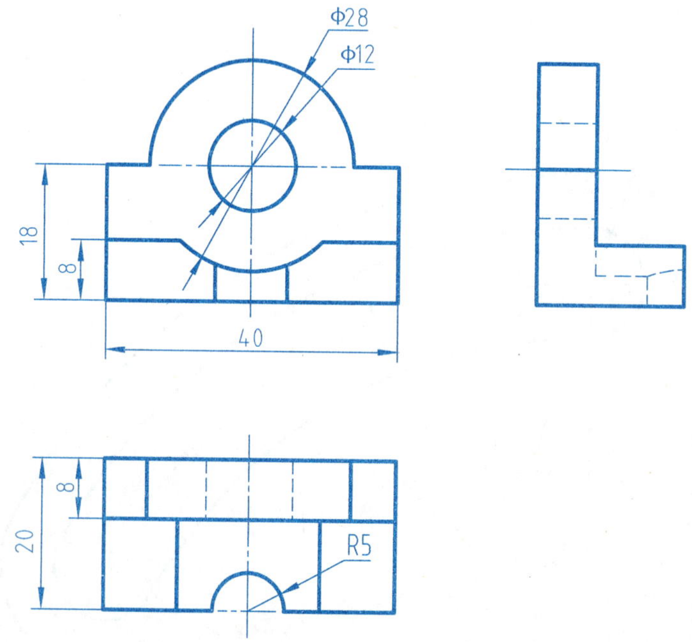

（3）

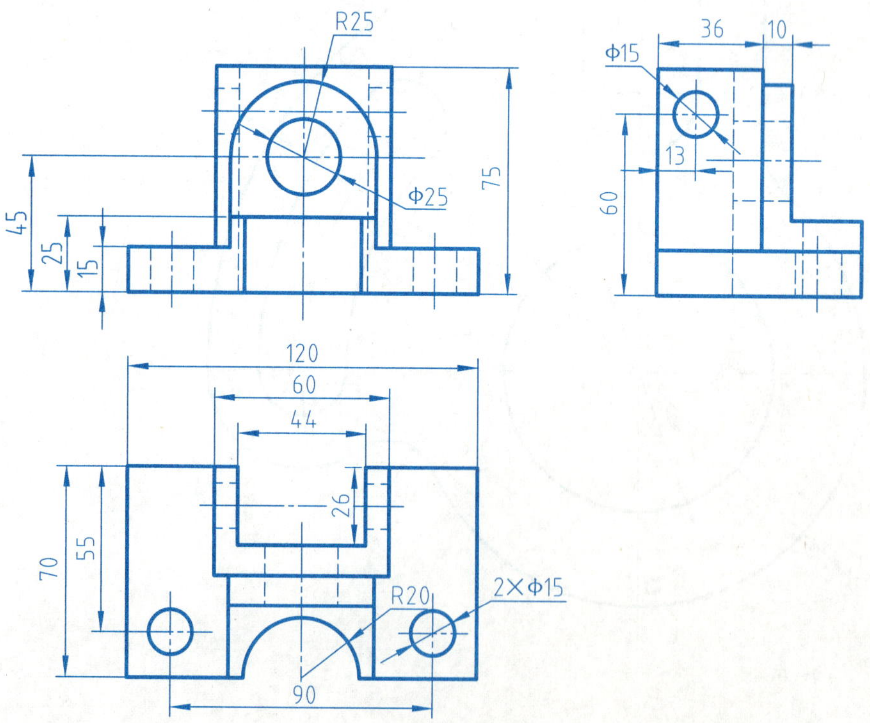

（4）

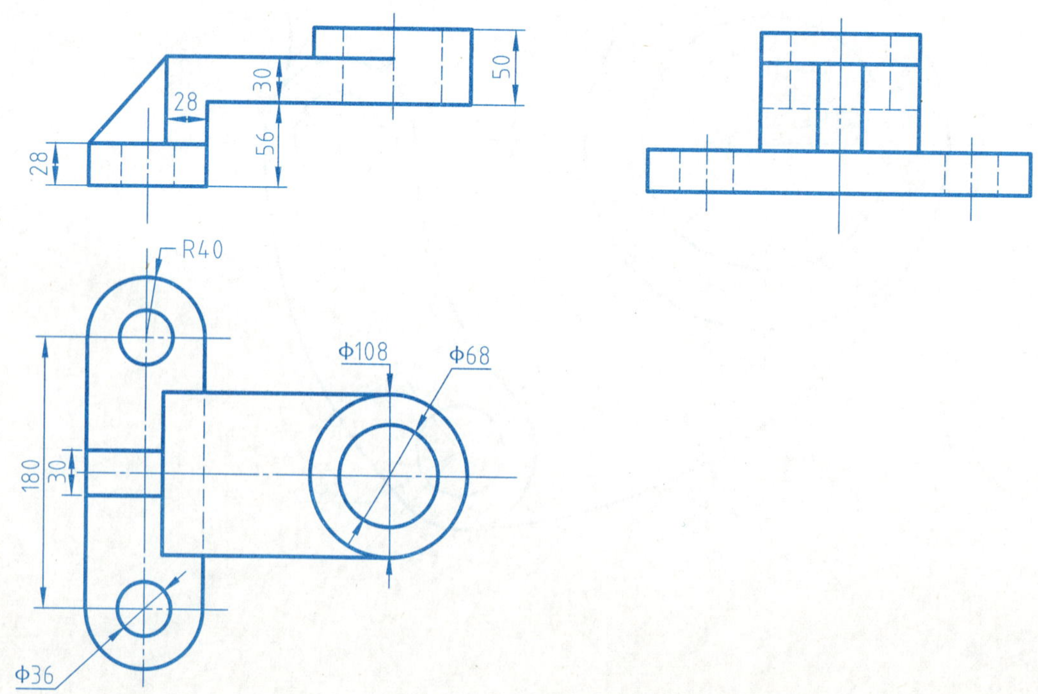

10-4　用 AutoCAD 绘制下列零件图。

（1）传动轴零件图

要求

1）设置线型和线宽。

2）标注尺寸和表面粗糙度。

3）对断面图进行标注。

4）设置图层并将对象归属相应图层。

5）将图配置在 A3 图纸上，并绘制标题栏和图框。

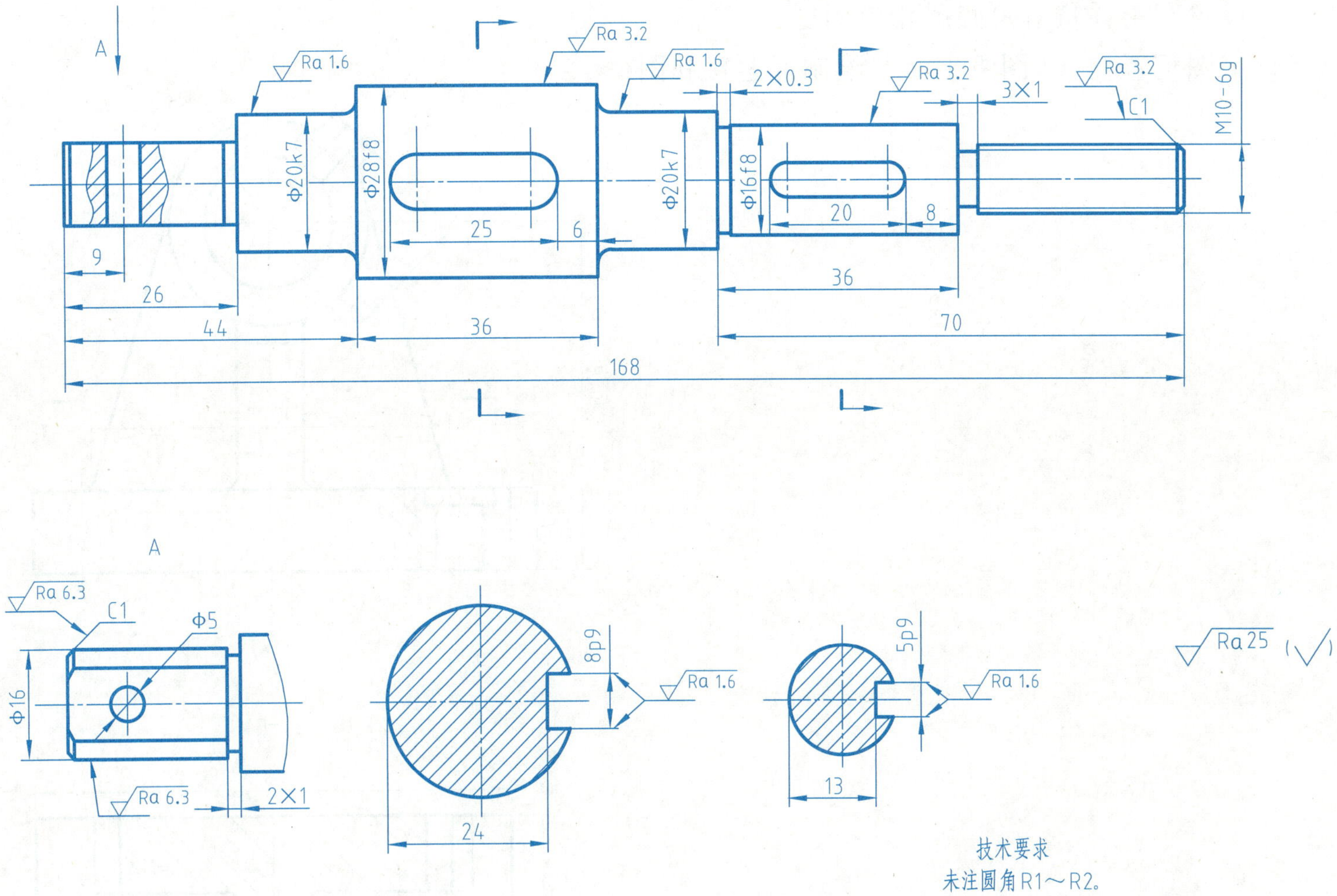

10-4　用 AutoCAD 绘制下列零件图（续）。

（2）支架零件图

要求

1）设置线型和线宽。

2）标注尺寸和表面粗糙度。

3）对剖视图进行标注。

4）设置图层并将对象归属相应图层。

5）将图配置在 A3 图纸上，并绘制标题栏和图框。

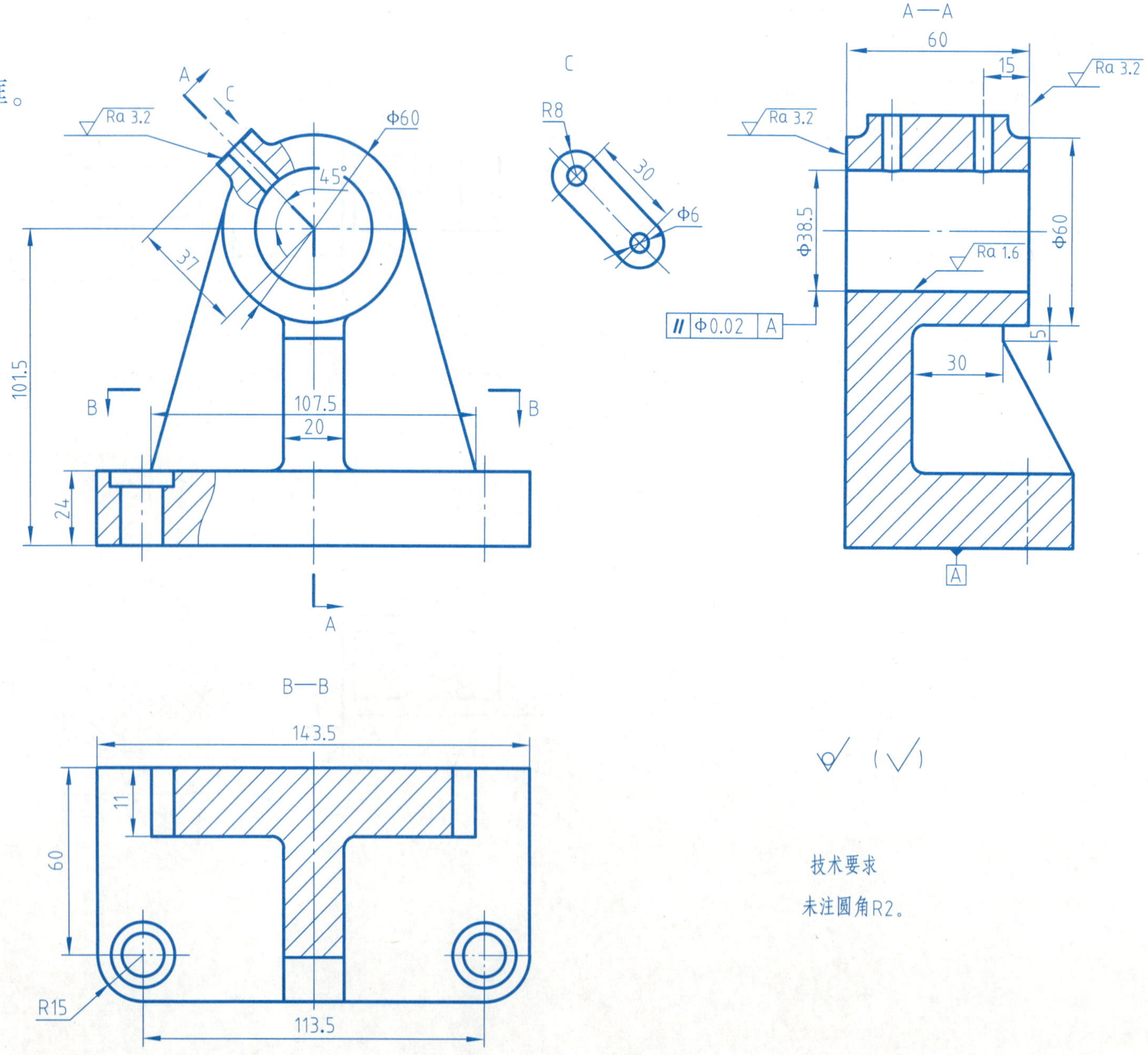

10-4　用 AutoCAD 绘制下列零件图（续）。

（3）阀体零件图

要求

1）设置线型和线宽。

2）标注尺寸和表面粗糙度。

3）对剖视图进行标注。

4）设置图层并将对象归属相应图层。

5）将图配置在 A3 图纸上，并绘制标题栏和图框。

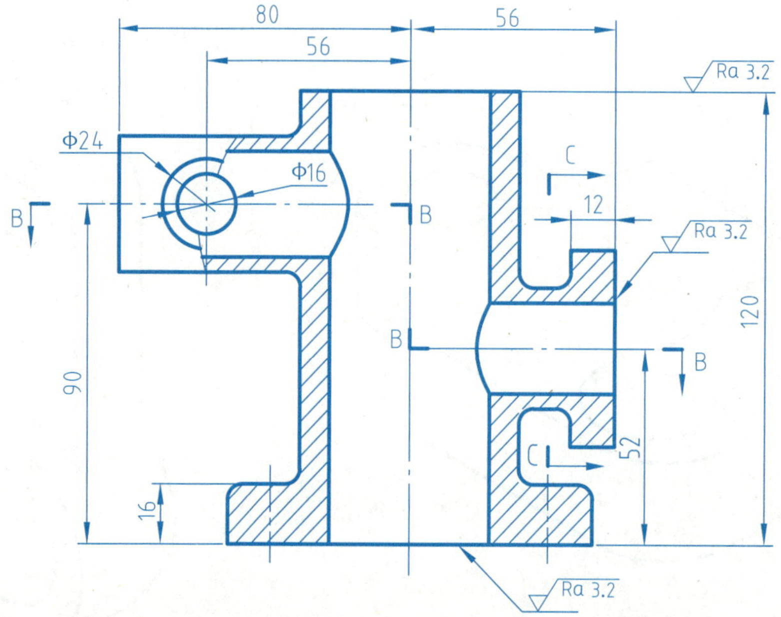

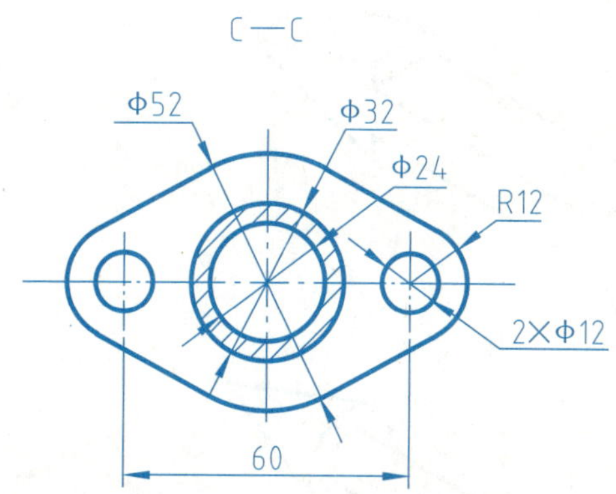

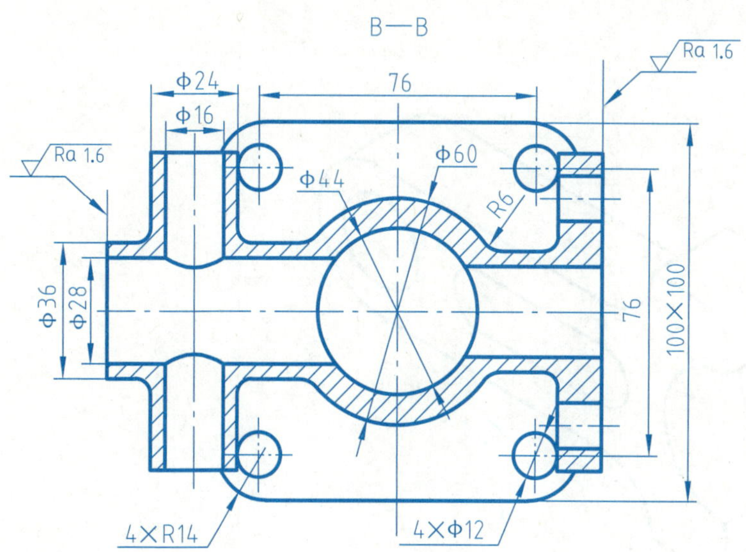

技术要求

未注圆角R3。

班级________ 学号________ 姓名________

10-5 三维造型练习。

（1）以本章 10-1（1）题为素材，运用拉伸和旋转命令构造如下形体，拉伸高度自定。

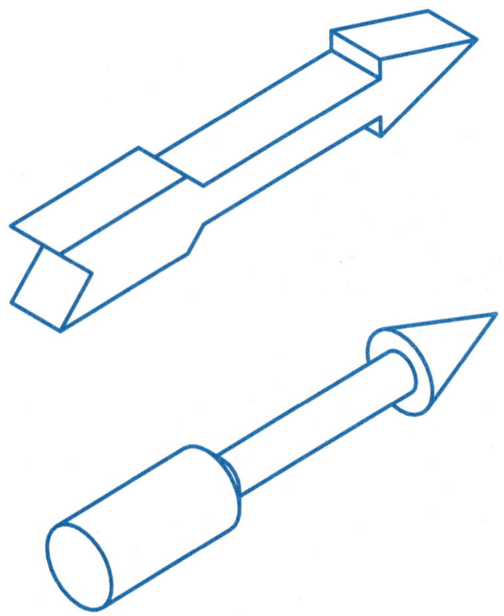

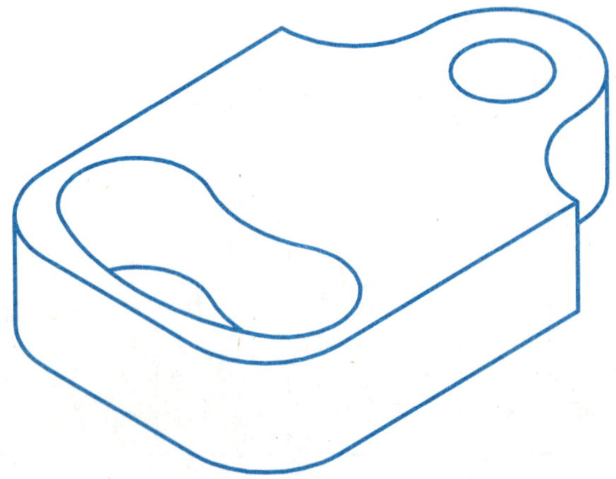

（2）以本章 10-1 题（2）、（3）、（4）为素材，运用拉伸和布尔运算命令构造如下形体，拉伸高度自定。

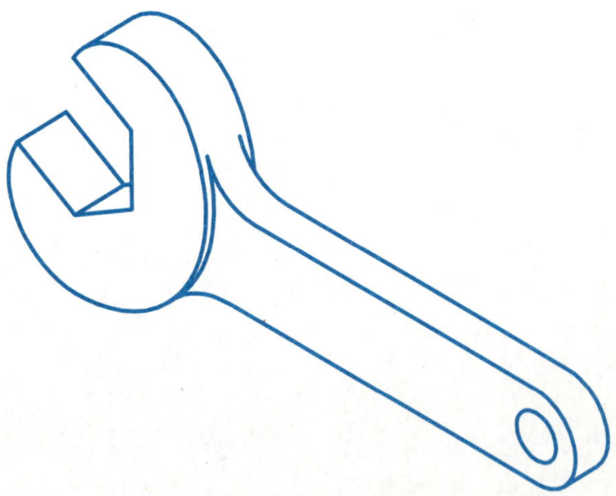

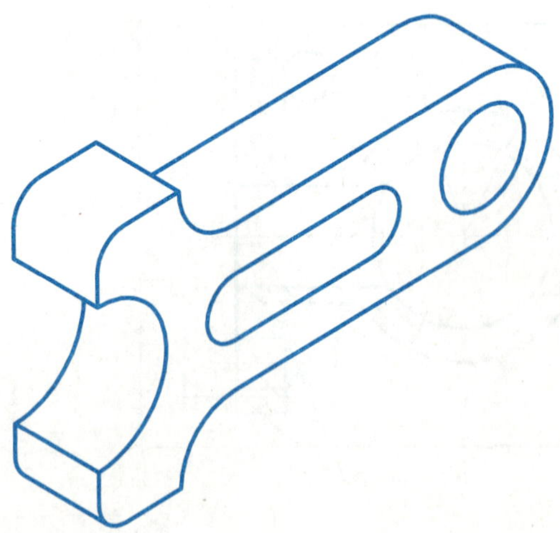

（3）以本章 10-2（1）、（2）题为素材，运用拉伸、旋转和布尔运算命令分别构造如下形体，拉伸高度自定。

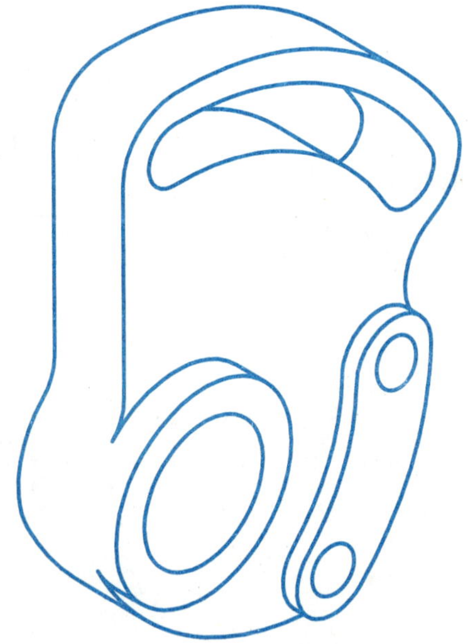

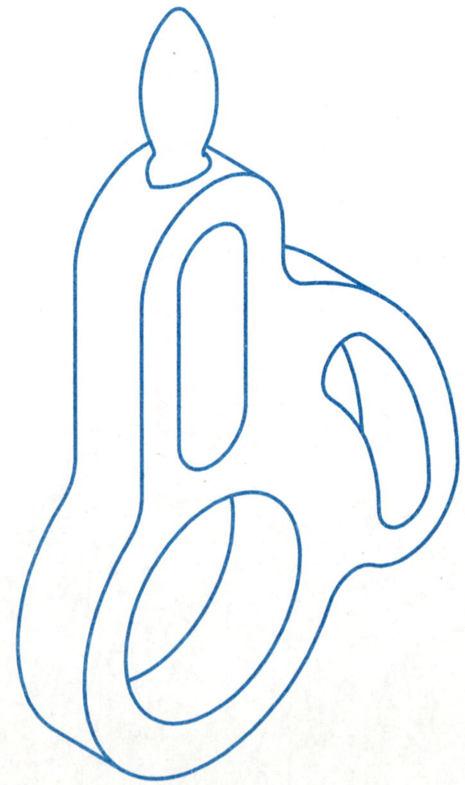

 班级________ 学号________ 姓名________

10-6 以本章 10-3 题为素材，按已知尺寸对四个组合体进行三维造型，效果如下。

（1）

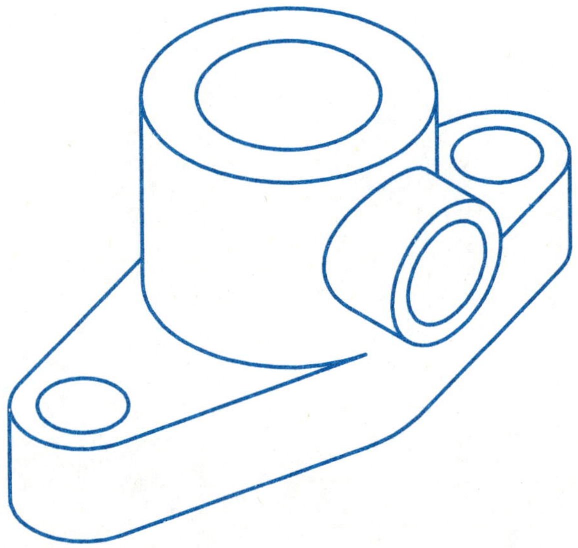

（2）

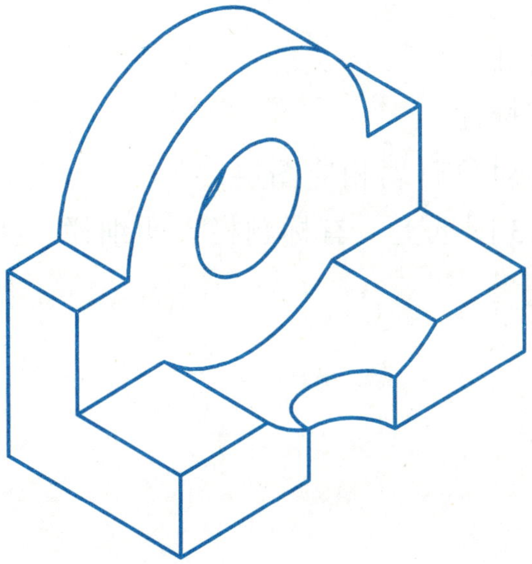

（3）

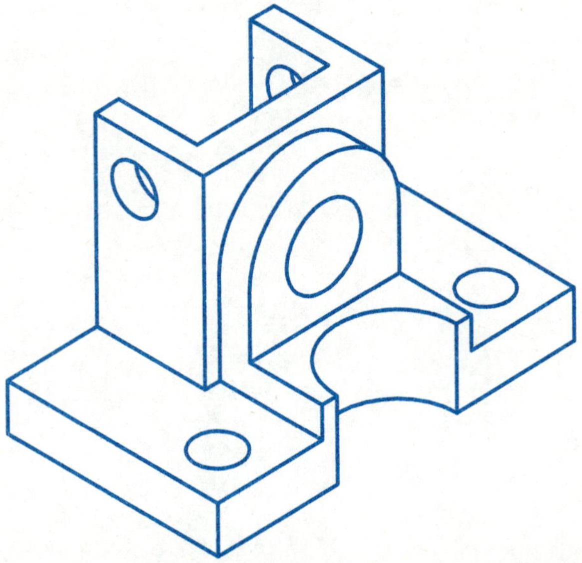

（4）

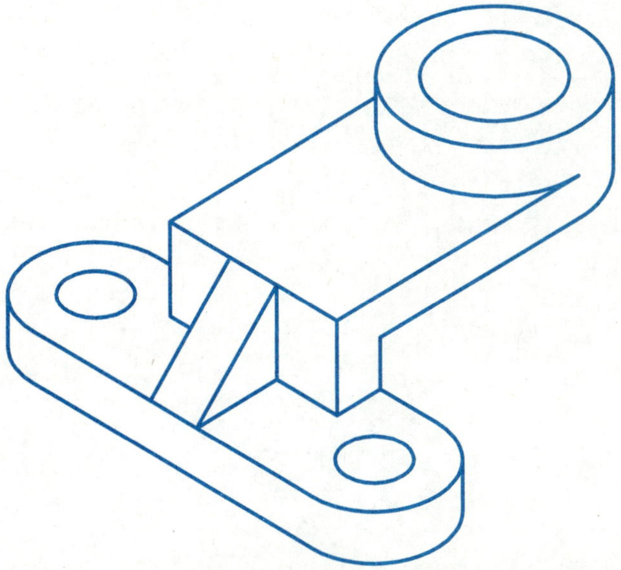

班级________ 学号________ 姓名________

10-7　以第九章 9-1 题为素材，按该页布局先画所有零件图，再拼画装配图。

要求

1）设置线型和线宽。

2）标注必要的尺寸。

3）对剖视图进行标注。

4）设置图层并将对象归属相应图层。

5）将图配置在 A3 图纸上，有标题栏、明细栏、指引线和图框等。

参 考 文 献

[1] 虞洪述，徐伯康. 机械制图习题集［M］. 西安：西安交通大学出版社，2009.

[2] 胥北澜，李喜秋，阮春江. 画法几何及机械制图习题集［M］. 7版. 北京：高等教育出版社，2016.

[3] 谷艳华，闫冠，林玉祥. 机械工程图学习题集［M］. 4版. 北京：科学出版社，2016.

[4] 钱可强，何铭新，徐祖茂. 机械制图习题集［M］. 7版. 北京：高等教育出版社，2015.

[5] 高丽华. 工程制图习题集［M］. 2版. 北京：机械工业出版社，2010.

[6] 武华. 工程制图［M］. 2版. 北京：机械工业出版社，2010.